100道
手工甜點
禮物

出版菊

CONTENTS

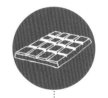

作者序---
親手做糖果，經濟實惠更具心意！6

本書用法與計量 7

融你口更融化你心的
7種巧克力糖　8

9	乾果巧克力
9	七彩巧克力球
10	薄荷夾心巧克力
12	巧克力棒棒糖
14	生地巧克力
15	乳加巧克力
15	巧克力棉花糖

年節喜慶少不了
最佳伴手贈禮的
16　32種硬糖/軟糖

18	南瓜子酥糖	26	牛奶糖	37	巧克力牛軋糖
20	核桃酥糖	26	焦糖牛奶糖	38	蔓越莓牛軋糖
20	杏仁酥糖	27	冰糖葫蘆	40	抹茶牛軋糖
21	花生酥糖	28	棉花糖	40	椰子牛軋糖
21	芝麻酥糖	30	巧克力牛奶糖	41	咖啡牛軋糖
22	金心梅糖	30	太妃糖	41	紅茶牛軋糖
23	情人糖	33	聖誕軟糖	42	健康養生牛軋糖
24	咖啡糖	34	草莓QQ糖	42	杏仁牛軋糖
24	黑糖	34	巧克力QQ糖	43	什錦養生糖
25	水果糖	34	原味QQ糖	44	南棗核桃糖
25	薄荷糖	37	原味牛軋糖		

46 最小成本超有誠意
手工餅乾/小西點53種

47　五穀雜糧餅
47　海苔葵瓜酥
48　杏仁果小餅乾
48　咖啡核桃小餅乾
50　燕麥餅乾
50　燕麥葡萄餅乾
50　松子紅糖燕麥餅乾
52　核桃小餅乾
52　可可方塊小餅乾
54　松子小餅乾
54　大理石餅乾
56　巧克力杏仁角小餅乾
56　抹茶餅乾
58　法式杏仁瓦片
58　松子瓦片
58　南瓜子薄片
60　杏仁千層酥
60　楓糖巧克力片

61　花餅乾
61　義式烘片
62　杏仁瓦片
62　葵瓜子薄片
64　巧克力豆餅乾
64　果醬奶酥餅
65　核桃派
66　綠茶餅乾
66　開心果餅乾
67　芝麻薄片
67　巧克力薄片
68　抹茶薄片
68　海苔薄片
70　蛋糕小點
70　椰子塔
71　蛋塔
72　薰衣草花茶餅
72　玫瑰餅乾

73　檸檬椰子小餅
74　拿破崙派
76　椰子蛋白甜餅
77　咖啡西餅
77　紅茶餅乾
78　檸檬西餅
78　肉桂蘋果餅乾
79　西姆利
80　摩卡義大利脆餅
80　豆沙vs抹茶小餅
82　蔓越莓餅乾
82　楓糖杏仁餅乾
83　楓糖核桃奶油球
83　杏仁小圓餅
84　雞汁鹹味餅乾
84　乳酪鹹味餅乾
86　米老鼠vs Hello Kitty vs 娃娃餅

88 8種道地台灣名產點心
也能親手表心意

89　鳳梨酥
89　水果酥
90　彩頭酥

92　綠豆椪
92　咖啡麻糬蛋黃酥vs
　　豆沙蛋黃酥

93　老公餅vs老婆餅
93　咖哩酥
94　太陽餅

作者序

朱秋樺

* 文化大學生活應用科學研究所碩士
* 自1990年從事中西餐點教學迄今
* 大華技術學院海青班烘焙科兼任講師、平鎮市社區大學生活保健客座講師、金樺餐飲專業研習中心負責人、桃園縣複合餐飲交流協會創會理事長
* 宜蘭縣救國團、台北縣瑞芳、三峽、五股農會、中國青年服務社,桃園縣救國團與女教師聯誼會,中壢市、平鎮市農會,新竹監獄(看守所),嘉義老人大學,台南市救國團---等烹飪、烘焙講師
* 活躍於MUCH ＴＶ酸甜苦辣食物戀、中原電視台、桃園廣播電台「大廚開講」、公共電視台「台灣生活通」烹飪顧問等電視廣播節目,推廣教學樂此不疲

王芳里

* 桃園縣救國團餅乾西點講師
* 經歷:吉之米西點麵包坊蛋糕助理、盛發西點公司蛋糕裝飾師

食譜示範
陳昱伶
* 桃園縣救國團餅乾西點講師、大華技術學院海青班烘焙科兼任講師
* 經歷:文化大學生活應用科學研究所碩士、私立泉僑中學特教班烘焙老師

親手做糖果,經濟實惠更具心意!

　　面對如此物價高漲的社會,自己動手DIY已成為全民運動之一,在繁忙的生活中,利用週末假日與家人一同挽起袖子,親手做出健康又甜蜜的糖果餅乾,是一件多麼令人愉快的回憶。每到年節時,大家總是要求能學些送禮的糕點課程---既又要「經濟」更要「實惠」的體面「伴手禮」,這本「手工甜點禮物100道」就是最好的選擇!

　　內容特別收錄了普遍受到大家喜愛與讚許的牛軋糖、太妃糖、牛奶糖、軟糖、蛋黃酥、巧克力糖、餅乾…等,編寫出正確又簡單的配方,讓所有讀者們在不失敗的情況下,以最小的成本送出最有誠意的好禮!

基本技巧→清楚配方→詳細步驟＝零失敗
內容包括:

* **煮糖技巧、融化巧克力、糖油拌合法、中式酥皮…等**:各種製作法,保證成功零失敗的重點訣竅及詳細圖片解說!
* **融你口更融化你心的巧克力糖**:棒棒糖、乳加巧克力、生巧克力、薄荷夾心…7種
* **年節喜慶少不了,最佳伴手贈禮的硬糖/軟糖**:牛軋糖、太妃糖、核桃糕、酥糖、QQ糖…32種
* **最小成本超有誠意,手工餅乾/小西點**:杏仁瓦片、酥餅、塔、千層酥、薄片餅乾…53種
* **道地台灣名產點心也能親手表心意**:鳳梨酥、太陽餅、綠豆椪、老婆餅…8種

　　經由本書由淺入深的帶領,相信能使您對糖果、餅乾能有更深一層的認識,並能在家中零失敗的享受自己動手做的成就感與樂趣!

點心名稱、份量 ——

點心完成圖 ——

—— 材料、使用器具
　　訣竅

做法、步驟圖 ——

量杯/量匙換算

1公升＝1000毫升

1毫升＝1cc

1杯＝240cc＝16大匙

1大匙＝3茶匙＝15cc

1茶匙＝1小匙＝5cc

1/2茶匙＝2.5cc

1/4茶匙＝1.25cc

公克/台斤換算

1公斤＝1000公克

1台斤＝16兩＝600公克

1兩 ＝37.5公克

1磅 ＝454公克＝12兩

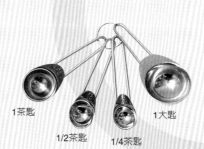

1茶匙

1/2茶匙　　1/4茶匙　　1大匙

不同材料的量杯量匙與重量對照表

名　稱	量　杯	1 大 匙	1 茶 匙	1/2 茶 匙	1/4 茶 匙
鹽	180公克	14公克	4~5公克	2~3公克	1~1.5公克
砂糖	180公克	15公克	4公克	2公克	1公克
細砂糖	108公克	9公克	3公克	1.5公克	0.75公克
醋	250公克	15公克	5公克	2.5公克	1.25公克
油	228公克	15公克	5公克	2.5公克	1.25公克
太白粉	120公克	7公克	2.5公克	1.25公克	0.6公克
麵粉	120公克	7公克	2.5公克	1.25公克	0.6公克

巧克力的製作過程

採收→發酵→乾燥→揀選、貯存→清理→烘焙→研磨→精煉、成熟＝巧克力糖及牛奶。

採收：可可的果實為可可豆莢，採收後，先剖開堅硬的外殼，僅取出可可豆，再用手將豆子
　　　一顆顆地撥開分散。

發酵：採收後的可可豆，在24小時內即開始進行發酵。

乾燥：將可可豆攤在大板子上，日曬乾燥約2週的時間。

揀選、貯存：以有溫度控管的乾淨場所貯存。

清理：用篩子篩過，仔細清乾淨。

烘焙：增添豆子的香味，豆子的含水量會降到3%，外皮變得乾燥後剝離。

研磨：將烘焙後的可可豆壓碎。

混合：混合是影響巧克力品質的一大要素，各種廠牌的巧克力混合方式均為企業機密。

研磨：黑巧克力就是可可塊加上砂糖，牛奶巧克力就是可可塊加上砂糖及牛奶，白巧克力就是
　　　可可脂加上砂糖及牛奶，再用機器混合而成。

精煉、成熟：將柔細狀態的巧克力放進大桶內精煉。桶內溫度維持在30℃，不斷地攪拌使巧克
　　　力成熟。

融你口更融化你心的
7種巧克力糖

巧克力的種類

黑巧克力

大至可分成半甜巧克力及苦甜巧克力兩種。成分比例分別為：半甜巧克力含可可55～58%、砂糖42～45%，苦甜巧克力含可可60%、砂糖40%。其中，可可奶油的含量約佔整體的38%。可可含量若佔70%以上的巧克力，稱為「特級純苦巧克力」。

牛奶巧克力

牛奶巧克力的可可含量較少，牛奶成分較多。成分比例為：可可36%、砂糖42%，剩餘的部分為牛奶。所有油脂（含乳脂）成分佔整體的38%。

白巧克力

白巧克力不含絲毫可可的固態成分。成分比例為：可可奶油30%，剩餘的部分為砂糖及牛奶。

可可粉

可可粉為可可塊用壓榨機榨過，去除油脂部分後，所剩下的固態部分（稱為可可渣），再研磨成的粉狀物。

20個

乾果巧克力

● 器 具

鋼盆或微波專用盆、刮刀、湯匙、烤箱、不沾布

● 材 料

牛奶巧克力……300g
生杏仁果……200g

TIPS

▶ 吃膩了杏仁果，也可以嘗試放不同的堅果類，味道就有不同的變化！

STEP

1 生杏仁果以150℃烤約 **25分鐘**
2 巧克力隔水融化
3 1+2拌勻
4 用湯匙舀適量的3，放置在不沾布或烤盤紙上，待凝固即可取下完成

TIPS

▶ 可可脂是從可可豆中萃取的可食性植物脂肪，呈淡黃色，除了味道近似巧克力，連聞起來也與巧克力相近；雖然製造巧克力糖的巧克力漿已含可可脂，但仍需加入若干可可脂，可使完成的巧克力糖產品，保持固定形狀。

20顆

七彩巧克力球

● 器 具

雪平鍋、木匙、鋼盆、不沾布、橡膠刮刀、包裝盒

● 材 料

A 鮮奶油……150g
　奶油……30g
　糖粉……40g
　奶粉……50g
B 蛋黃……1顆
　苦甜巧克力……350g
　可可脂……25g
　彩色巧克力米
　……適量

STEP

1 將A料勻再以小火加熱至粉類溶解
2 稍冷即可加入蛋黃
3 巧克力，可可脂切碎，隔水加熱融化
4 2+3拌勻成巧克力糊，待稍涼後，可搓成糰
5 沾巧克力米即完成

約20個

薄荷夾心巧克力

器具

橢圓形巧克力模型
擠花袋（輕便型）
橡皮刮刀
鋼盆
瓦斯爐
巧克力專用包裝紙

材料

薄荷巧克力……150g
苦甜巧克力……300g

TIPS

▶ 1. 巧克力半溶解就可以離火攪拌均勻，浸泡在隔水加熱的熱水裡保溫。

2. 巧克力溶解溫度50～70℃不可以過高，不然巧克力不會有光澤，並產生油水分離。所以水溫80℃即可熄火。

STEP

1 巧克力入小鋼盆

2 外層加裝了熱水的大鋼盆

3 以隔水加熱方式完全融化巧克力，溫度不可過高

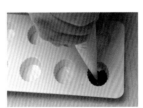

4 苦甜巧克力裝入擠花袋，擠入模型內，第一層苦甜

5 第二層薄荷

6 第三層再擠入苦甜巧克力，置冰箱20分鐘後就可取出包裝

巧克力專用模型：耐熱壓克力材質，使用前必須保持模型乾燥，不可有水分，以免巧克力糖的表面受潮不光滑。

20支

巧克力棒棒糖

器具

棒棒糖模型
吸管
大小鋼盆
橡皮刮刀
輕便型擠花袋
水彩筆
巧克力專用包裝紙

材料

純白巧克力……100g
薄荷巧克力……100g
草莓巧克力……100g

TIPS

▶ 可依照模型做出心型、花型、幸運草…等各種巧克力棒棒糖，使用的巧克力種類也可依喜好變化。

STEP

1 三種巧克力切碎，隔熱水融化，或以微波爐融化，薄荷巧克力擠於模型中的葉子

2 擠草莓巧克力

3 放吸管

4 擠白色巧克力，放入冷藏冰硬

5 取下後就可以用包裝紙包裝或直接享用

巧克力專用模型：耐熱樹脂材質，使用前必須保持模型乾燥，不可有水分，以免巧克力糖的表面受潮不光滑。

45小塊
生地巧克力

● 器具

鋼盆
瓦斯爐
不沾布
橡皮刮刀
烤盤1個
（36cm×20cm×2cm）
透明盒(包裝用)

● 材料

深黑的苦甜巧克力
……350g
可可脂……40g
動物性鮮奶油……200g
白蘭地……10cc
防潮可可粉……200g

TIPS

▶ 如果沒有白蘭地可以用
各種酒類代替，除了米酒、
紹興酒以外，否則巧克力的
風味會不見。

STEP

1 巧克力切碎備用

2 動物鮮奶油煮開降溫
至60～70℃，沖入1的
巧克力鋼盆中，再拌
入白蘭地

3 烤盤鋪上不沾布，將2
倒入，再放進冷凍庫
中，冰硬後取出切成
1.5×1.5cm的小方塊

4 再沾裹上防潮可可
粉，放入冷藏即可

乳加巧克力

20小塊

◎ 器具
雪平鍋、小鍋、木匙、溫度計、不沾布、平盤、糖果切刀、包裝紙

◎ 材料
牛軋糖……20小塊
（做法請見37頁）
苦甜巧克力……200g

STEP
1 苦甜巧克力隔水融化
2 將牛軋糖裹上溶解好的巧克力，待涼後包裝，即完成乳加巧克力

TIPS
▶ 記得巧克力的溫度不可以過高，淋在牛軋糖上會變形，那樣成品就不美觀了。

巧克力棉花糖

10串

◎ 器具
鋼盆、竹串、包裝紙

◎ 材料
苦甜巧克力……500g
棉花糖……適量

STEP
1 苦甜巧克力隔水融化
2 棉花糖依喜好以竹籤串起
3 待融化的苦甜巧克力稍降溫，沾裹在棉花糖外即完成

TIPS
▶ 可以用草莓、牛奶或其他各種顏色的巧克力，分別沾裹上棉花糖，再串起來。

年節喜慶少不了
最佳伴手贈禮的
32種硬糖/軟糖

煮糖的溫度判斷與重點

100℃→

煮糖的火侯記得要轉中小火。溫度到達100℃時鍋內的麥芽氣泡是呈現大泡泡。

110℃→

到達110℃拉起筷子會呈現片狀。

120℃→

麥芽煮到120℃拿起筷子會呈現水滴狀態。

138℃→

麥芽煮到138℃用筷子攪拌麥芽會有很多小泡泡，此時就可以熄火拌入其它的材料。拌勻的速度不可以過快不然糖果會變成黃色，就不美觀了。

＊在煮糖的過程要仔細去了解麥芽的溫度、變化，這樣自己做出來的糖果會很有成就感，也可以降低失敗率。

＊夏日製作糖，煮的溫度可至138～符140℃，以避免牛軋糖成品在溫度高的夏季，因受熱易呈現軟化現象。

	軟糖	硬糖／酥糖	牛軋糖
材料	白砂糖、水、麥芽飴	細砂糖、水飴、水、鹽	細砂糖、水飴、鹽、水
溫度℃	115～125℃	128～132℃	135℃ 夏日140℃
麥芽狀態	拉起筷子會呈現較軟的片狀	用筷子拉起會呈現流速快的水滴狀態，用筷子拉開呈較硬的片狀	用木匙撥開會看見鍋底，而且顏色稍微泛黃

＊硬糖/酥糖因為材料中係砂糖的成份較高，所以煮糖的溫度不可過高，超過132℃糖燴泛黃、褐變，製作出的糖果會不美觀，也會不好操作，做好的糖果比較會黏牙。

南瓜子酥糖

35小塊

器具

瓦斯爐
雪平鍋
菜刀
平盤（36×20×2公分）
溫度計
木匙
炒菜鍋
鋼盆
包裝紙

材料

A 南瓜子.....400g
B 細砂糖.....100g
　水飴.....180g
　水.....160g
　鹽.....1~1/2小匙

TIPS

▶ 如何判斷煮糖的程度？
1. 用木匙撥開會看見鍋底，而且顏色稍微反黃表示溫度已到達138℃。
2. 攪拌時要有拔絲狀態，如果麥芽溫度煮的不夠，攪拌起來不會拔絲，可以多煮一下不過要不停攪拌以免鍋子燒焦。

STEP

1 南瓜子以小火炒均勻或放進150℃烤箱保溫備用

2 材料B放入鍋中

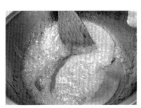

3 以中小火煮，煮到138℃離火

4 倒入1，迅速攪拌均勻，翻拌至南瓜子間有細糖絲狀

5 倒入抹薄層油的桌面整型（也可以用平盤鋪上耐熱袋，表面要抹薄層的油）

6 待降至微溫即可切塊

7 切成1.5公分×1.5公分方塊，待完全放涼即可包裝

核桃酥糖

器 具
瓦斯爐、雪平鍋、切刀、平盤（42×36×2公分）、溫度計、烤箱、木匙、鋼盆

材 料
A 生核桃…..300g
B 細砂糖…..100g
　水飴…..180g
　水…..160g
　鹽…..1～1/2小匙

STEP
1 將材料1，以170℃爐溫保溫備用
2 平盤鋪上耐熱袋，表面要抹薄層的油備用
3 材料B以中火煮到138℃，拌入1中，迅速攪拌均勻倒入2的耐熱袋上
4 再戴耐熱手套將酥糖表面整型至平整，待散熱至微溫即可切成1.5公分×1.5公分方塊

TIPS
▶核桃要選購片狀的，不要使用碎核桃，容易烤焦。

核桃酥糖

杏仁酥糖

器 具
瓦斯爐、雪平鍋、切刀、平盤（36×20×2公分）、不沾布、溫度計、烤箱、木匙、鋼盆、包裝紙

材 料
A 杏仁片…..400g
B 細砂糖…..100g
　水飴…..200g
　水…..150g
　鹽…..1～1/2小匙

STEP
1 將材料A放入烤箱以150℃保溫
2 平盤鋪上耐熱袋，表面要抹薄層的油備用
3 材料B以中火煮到138℃，拌入1中，迅速攪拌均勻倒入2的耐熱袋上
4 再戴耐熱手套將酥糖表面整型至平整，待散熱至微溫即可切成1.5公分×1.5公分方塊

TIPS
▶注意烤杏仁片時的時間，有香味即可關爐溫，用燜的方式保溫即可，不然杏仁片容易焦。

杏仁酥糖

花生酥糖

芝麻酥糖

花生酥糖

器具

瓦斯爐、雪平鍋、切刀、平皿（42×36×2公分）、溫度計、烤箱、木匙、鋼盆

材料

A 熟花生……400g
B 細砂糖……100g
　水飴……200g
　水……160g
　鹽……1～1/2小匙

STEP

1 將材料A去膜，以小火炒均勻或放進150℃烤箱保溫備用
2 平盤鋪上耐熱袋，表面要抹薄層的油備用
3 材料B以中火煮到138℃，拌入1中，迅速攪拌均勻倒入2的耐熱袋上
4 再戴耐熱手套將酥糖表面整型至平整，待散熱至微溫即可切成1.5×1.5公分方塊

TIPS

▶ 熟花生可以選購已去膜的且在使用前保溫，是為保持糖溫避免拌入冷的花生，糖溫下降太快，酥糖會變硬；切酥糖的動作要快不然會不整齊。

芝麻酥糖

器具

瓦斯爐、雪平鍋、切刀、平盤（36×20×2公分）、不沾布、溫度計、烤箱、木匙、鋼盆

材料

A 黑芝麻……200g
　白芝麻……200g
B 細砂糖……100g
　水飴……200g
　水……160g
　鹽……1～1/2小匙

STEP

1 黑、白芝麻以150℃烤20分鐘關爐火保溫備用
2 平盤鋪上耐熱袋，表面要抹薄層的油備用
3 材料B以中火煮到138℃，拌入1中，迅速攪拌均勻倒入2的耐熱袋上
4 再戴耐熱手套將酥糖表面整型至平整，待散熱至微溫即可切成1.5公分×1.5公分方塊

TIPS

▶ 黑、白芝麻最好選購生的，但是要去除雜質，經過烤箱烘焙後就可烤熟；若買熟的，再烘焙保溫則容易產生焦黑。

金心梅糖

器具

瓦斯爐
雪平鍋
小塑膠管
金線
包裝紙
平皿

材料

A 水飴.....200g
　細砂糖.....120g
　水.....160g
　鹽.....1/2小匙
B 話梅.....16個

TIPS

▶ 有些配方在製作時會加山梨醇1小匙，可增加柔軟度並具保存的作用。山梨醇是常見用在麥芽糖系列製作的添加物，可避免糖變硬或氧化返潮。

STEP

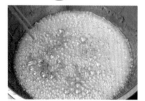

1 材料A放入鍋中小火煮至132°C即熄火，邊煮邊攪拌使鍋內受熱均勻

2 舀適量的1至平盤上

3 將梅子放入中央

4 再放入小塑膠管

5 舀適量的1覆蓋在梅子與小塑膠管上，待冷卻固定即可取下包裝

情人糖

器 具	材 料
瓦斯爐	A 水飴.....250克
雪平鍋	細砂糖.....120克
包裝紙	水.....60克
平盤	鹽.....1/2小匙
糖果圓模	B 軟質巧克力.....少許

TIPS

情人糖作法很簡單，在操作時要小心燙手。模子盡量可以挑大一點脫模會比較方便。

STEP

1 材料A放入鍋中小火煮至138℃即熄火，邊煮邊攪拌使鍋內受熱均勻成麥芽

2 模型噴上防沾油

3 先倒入一層麥芽

4 再注入材料B成夾心

5 再倒入一層麥芽，待冷即可包裝

23

咖啡糖

40個

器具

瓦斯爐、雪平鍋、量杯、溫度計、糖果模型、包裝紙、毛刷

材料

A 防沾油⋯⋯少許
B 水⋯⋯30g
　細砂糖⋯⋯150g
　水飴⋯⋯200g
　無糖即溶咖啡⋯⋯1/2小匙

STEP

1 防沾油先擦容器備用
2 材料B一起拌均勻備用
3 將2以中小火煮至135℃即可，倒入模型，待冷卻即可脫模包裝
4 也可手戴手套沾少許防沾油，抓些許降溫的咖啡糖搓成長條，再用刀切成一塊塊整形後，待涼包裝

TIPS

▶ 用刀切咖啡糖僅需要稍降溫即可切，完全冷卻變硬的咖啡糖切了會碎裂！

咖啡糖

黑糖

黑糖

40個

器具

瓦斯爐、雪平鍋、量杯、溫度計、糖果模型、包裝紙、毛刷

材料

A 防沾油⋯⋯少許
B 黑(紅)糖粉⋯⋯80g
　水飴⋯⋯100g
　水⋯⋯80g
　鹽⋯⋯1/2小匙

STEP

1 糖果模型先抹少許防沾油備用
2 將所有材料B放入鍋內用中小火煮至136℃，倒入模型，待冷卻脫模即可

TIPS

▶ 防沾油也可以用白油抹薄層在模型上。

40顆 水果糖

器具
瓦斯爐、雪平鍋、包裝紙、平盤、糖果圓模

材料
A 水飴……250g
　細砂糖……120g
　水……160g
　鹽……1/2小匙
B 芒果香料……少許

STEP

1 材料A放入鍋中，以小火煮至138℃即熄火，邊煮邊攪拌使鍋內受熱均勻
2 加入芒果香料
3 倒入圓形模，待冷即可包裝

TIPS

▶ 硬糖的糖度較高，模型都要抹防沾油，製作好的糖果才容易脫模。

20個 薄荷糖

器具

瓦斯爐、雪平鍋、溫度計、糖果模型、包裝紙

材料

A 防沾油……少許
B 糖……50g
　海藻糖（雪花糖）……50g
　水飴……100g
C 濃縮薄荷液……8.5g

STEP

1 糖果模型塗抹少許防沾油備用
2 材料B放入鍋內，開中小火邊煮邊攪拌使鍋內受熱均勻，溫度達132℃即可加入濃縮薄荷液
3 迅速攪拌均勻熄火，倒入模型，待冷脫模即可包裝

TIPS

▶ 濃縮薄荷液是香料的添加物，若使用薄荷茶水是提不出薄荷的香味的。

水果糖

薄荷糖

牛奶糖

焦糖牛奶糖

35個

牛奶糖

◉ 器具

平盤、雪平鍋、木匙、溫度計、瓦斯爐、膠膜、包裝紙

◉ 材料

A 鮮奶.....90cc
　奶油.....90g
B 白砂糖.....250g
　水.....40cc
　麥芽飴.....160g
　鹽.....5g
C 糖霜.....40g

STEP

1 將材料A放入鍋中溶化備用
2 材料B放雪平鍋以中火煮至132℃熄火，隔水降溫至85℃
3 再將作法1、2混合拌勻，即可加入糖霜拌合
4 放置約5～10分鐘，再放入平盤中入冰箱冰20分鐘
5 切塊狀或搓圓，即可包裝

TIPS

▶ 切塊狀或搓圓的大小約寬2公分，較適中。

焦糖牛奶糖

35顆

器具

瓦斯炸、雪平鍋、模型、溫度計、平皿、不沾布、鍋子、耐熱刮刀、剪刀、手套

材料

A 鮮奶油⋯⋯90cc
　奶油⋯⋯90g
　焦糖醬⋯⋯15g
B 白砂糖⋯⋯250g
　水⋯⋯40cc
　麥芽飴⋯⋯160g
　鹽⋯⋯5g
C 糖霜⋯⋯40g

STEP

1 將A料放入鍋中溶化備用
2 B料放雪平鍋以中火煮至132℃熄火，隔水降溫至85℃
3 再將作法1、2混合用打蛋器拌均勻，最後加入糖霜拌勻即可
4 放置約5～10分鐘，再放入平皿中冰入冰箱約20分鐘
5 切成寬2公分的塊狀，或搓圓包裝即可

TIPS

▶ 做好的成品可常溫收藏，建議還是新鮮食用，風味佳。沒有用完的糖霜可以放冷藏，可以保存2個月。

製作糖霜

材料

水80g、麥芽飴60g、細砂糖90gC.

做法

1 將材料煮至118℃熄火降溫至75℃
2 用打蛋器攪拌約5～7分鐘即完成糖霜

冰糖葫蘆

20支

器具

瓦斯爐、雪平鍋、溫度計、竹籤、木匙

材料

A 葡萄、蕃茄或
　當季水果⋯⋯適量
B 麥芽水飴⋯⋯200g
　冰糖⋯⋯220g
　鹽⋯⋯少許
　水⋯⋯80g
C 冰塊⋯⋯適量

TIPS

▶ 若不冰鎮，要插在保麗龍墊上，待涼亦可。

STEP

1 將所有水果洗淨用竹籤串起備用〈水果大塊可切大丁〉

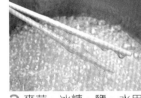

2 麥芽、冰糖、鹽、水用中火煮至135℃，轉小火邊煮邊攪拌

3 水果串沾上煮好的糖漿，立刻放在冰塊上冰鎮，待糖凝固即可享用

棉花糖

30個

◎ 器具

平盤
雪平鍋
攪拌機
攪拌盆
擠花袋
木匙
溫度計
耐熱刮刀
瓦斯爐
膠膜

◎ 材料

A 玉米粉……450g
B 冷水……60g
　吉利丁片……2片
C 檸檬酸……2g
　冷開水……3g
D 水……30g
　細砂糖……100g
　西點轉化糖漿……50g
E 蛋白……50g

TIPS

▶ 可運用變化成「巧克力棉花糖」只要在棉花糖的成品表面淋上融化的巧克力即可。

STEP

1 玉米粉以150℃烤10分鐘備用

2 冷水將吉利丁片泡軟溶化蓋膠膜並防止結皮

3 材料C拌勻備用

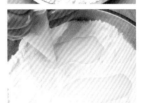

4 蛋白用漿狀攪拌器快速打發至雪白硬性發泡狀，約7分硬度，加入材料C再攪拌均勻

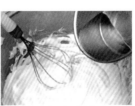

5 將材料D煮沸轉小火煮至115℃，熄火，倒入攪拌盆並加入材料B拌勻，冷卻至80℃，再將拌好的材料C加入

6 裝入擠花袋，擠長形於舖有乾燥玉米粉烤盤上，稍冷卻再搓成圓柱狀切成2公分的寬度

巧克力牛奶糖

器具

瓦斯炸、雪平鍋、模型、溫度計、平皿、不沾布、鍋子、耐熱刮刀、剪刀、手套

材料

A 鮮奶油.....90cc
　奶油.....90g
　可可粉.....15g
B 白砂糖.....250g
　水.....50cc
　麥芽飴.....160g
　鹽.....5g
C 糖霜.....35g
　（作法參考27頁）

TIPS

▶ 巧克力牛奶糖切割時在表面撒些玉米粉，可防止黏手。

STEP

1 B料放雪平鍋以中火煮至132℃熄火，隔水降溫至85℃

2 再將作法1、2混合用打蛋器拌均勻，最後加入糖霜拌勻即可

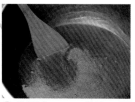

3 放置約5～10分鐘，再放入平皿中冰入冰箱約20分鐘

4 切成寬2公分的塊狀，或搓圓包裝即可

巧克力牛奶糖

太妃糖

太妃糖

◎ 器具

瓦斯爐
雪平鍋
模型
溫度計
平皿
不沾布
鍋子
耐熱刮刀
手套

◎ 材料

A 防沾油.....適量
B 細砂糖.....200g
　 水飴.....170g
　 水.....180g
　 鹽.....2g
C 奶油.....30g
　 香草粉.....5g

TIPS

▶ 作法6的動作不可以旋轉太多次，不然會變成很硬的太妃糖喔。

STEP

1 平皿噴上防沾油放入冰鎮

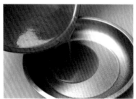

2 材料B放入鋼盆中，以中火煮至132℃熄火，倒入奶油、香草粉拌勻，降溫至85度再倒入平皿中

3 降溫至45℃，降溫時將四邊邊緣往中間摺，使溫度均勻成一團狀，重複動作二次

4 雙手噴上防沾油

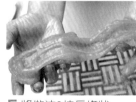

5 將做法3拉長條狀

6 邊拉邊旋轉，再折疊

7 搓成長條狀後，再切約2公分寬度

8 包入包裝紙中

10個 # 聖誕軟糖

● 器 具

雪平鍋
長方模型
（20×40×3公分）
耐熱刮刀
溫度計
包材
瓦斯爐
鍋子
秤

● 材 料

A 吉利丁.....30g
　溫水.....170g
B 檸檬酸.....3g
　冷開水.....3g
C 水.....75g
　細砂糖.....220g
　麥芽飴.....250g
D 草莓香料.....2滴
　抹茶香料.....2滴
　細砂糖.....少許
　（沾表面用）

STEP

1 模型噴烤盤油備用
2 A料加溫水煮沸，隔水溶化，熄火，蓋上保鮮膜，防止表層結皮
3 B料拌勻備用
4 C料煮沸轉中小火煮至115℃熄火加入A料拌勻
5 分成二份分別加入草莓及抹茶香料，成為紅綠兩色
6 最後加入3拌勻，即可先後倒入模型
7 待冷後以聖誕樹壓模，壓出樹形，外沾砂糖後包裝

TIPS

▶ 做聖誕樹時平盤要稍為傾斜倒入，不可以等冷才倒另外一個顏色，不然聖誕樹會分離喔！做好的成品可以插上塑膠管包上玻璃紙當做聖誕節軟糖，是不錯的送禮選擇。

草莓QQ糖

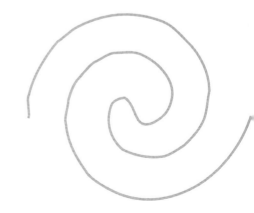

器具

雪平鍋
模型
耐熱刮刀
溫度計
包材
瓦斯爐
鍋子
秤子

材料

A 防沾油……適量
　（烤盤油）
B 吉利丁……30g
　溫水……170g
C 檸檬酸……3g
　冷開水……3g
D 水……75g
　細砂糖……220g
　麥芽飴……250g
E 草莓香料……2滴
　水果香料……2滴
　細砂糖……少許
　（沾表面用）

STEP

1 模型噴烤盤油或擦少許白油備用

2 材料B混合隔水溶化，熄火，蓋上保鮮膜，防止表層結皮

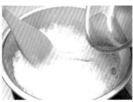

3 材料D煮至115℃，熄火拌入2

4 待降溫再將材料C倒入混合

5 續加入水果香料拌勻，最後加入材料C拌勻

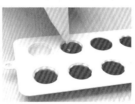

6 倒入模型，待8小時自然凝固後，脫模沾上細砂糖即可包裝

TIPS

▶ QQ糖的表面也可沾細砂糖，看起來會更美味。

30個

巧克力QQ糖

器具

雪平鍋
模型
耐熱刮刀
溫度計
包材
瓦斯爐
鍋子
秤子

材料

A 洋菜粉……15g
　吉利丁……3g
　溫水……170g
B 檸檬酸……3g
　冷開水……3g
C 水……75g
　細砂糖……220g
　麥芽飴……250g
D 巧克力香料……2滴
　細砂糖……少許
　（沾表面用）

STEP

1 模型噴烤盤油備用
2 A料加溫水煮沸，隔水溶化，熄火，蓋上保鮮膜，防止表層結皮
3 B料拌勻備用
4 C料煮沸轉中小火煮至120℃熄火加入A料拌勻
5 續加入巧克力香料拌勻，最後加入3拌勻
6 即可倒入平盤，待冷卻後以壓模壓出形狀，沾糖包裝

TIPS

▶ 巧克力QQ糖，不適合用有糖度的巧克力製作，糖度高的糖就不會是QQ的，而是硬硬的唷！

30小顆

原味QQ糖

器具

雪平鍋
模型
耐熱刮刀
溫度計
包材
瓦斯爐
大、中、小鍋子
秤子

材料

A 洋菜粉……15g
　吉利丁……3g
　溫水……170g
B 檸檬酸……3g
　冷開水……3g
C 水……75g
　細砂糖……220g
　麥芽飴……250g
D 水果香料……2滴
　細砂糖……少許
　（沾表面用）

STEP

1 模型噴烤盤油備用
2 A料加溫水煮沸，隔水溶化，熄火，蓋上保鮮膜，防止表層結皮
3 B料拌勻備用
4 C料煮沸轉中小火煮至115℃熄火加入A料拌勻
5 續加入水果香料拌勻
6 最後加入3拌勻，即可倒入模型灌模，待冷後以壓模壓出形狀，再沾糖包裝

TIPS

▶ 原味QQ糖是不用有色的香料所做的QQ糖。

50個

原味牛軋糖

器具

瓦斯爐、雪平鍋、溫度計、耐熱塑膠袋（5斤大）、平皿（42×36×2公分）、糖刀、電動打蛋器、木匙、包裝紙

材料

A 細砂糖.....75g
　水飴.....800g
　鹽.....5g
　水.....100g
B 奶油.....90g
　奶粉.....50g
C 蛋白霜.....40g
　冷開水.....40g
D 熟原味花生片.....500g

STEP

1 把材料A煮至135℃
2 奶油隔水溶化，再加入奶粉拌勻，待涼至不可有熱度
3 材料C打至硬性發泡，材料A沖入迅速攪拌攪拌，否則會結硬塊，再加入拌好的2
4 拌入熟花生片倒入平皿，待涼切成6×2.5公分長條，即完成牛軋糖
5 夏日製作糖度可至140℃，以避免牛軋糖成品受熱易呈軟化現象

TIPS

▶ 蛋白霜要用冷開水拌勻，直接加入在製程中，所以衛生安全考量，要使用冷開水。

TIPS

▶ 放入切碎巧克力吃起來可增加它的香味，如果不加只有吃到可可粉的苦味。在家自己DIY盡可能做到最好最完美。相對的原物料也是非常重要，要做出美味糖果的基礎，就一定不能忽略原料的優劣。

原味牛軋糖

巧克力牛軋糖

50小塊

巧克力牛軋糖

器具

瓦斯爐、雪平鍋、溫度計、耐熱塑膠袋（5斤大）、平皿（42×36×2公分）、糖刀、電動打蛋器、木匙、包裝紙

材料

A 細砂糖.....80g
　水飴.....750g
　水.....80g
B 奶油.....70g
　可可粉.....10g
　切碎深黑巧克力.....20g
C 蛋白霜.....40g
　冷開水.....40g
D 烤熟花生片.....500g
（烤箱預熱150℃保溫）

STEP

1 把材料A煮至135℃
2 奶油隔水溶化，再加入可可粉、切碎深黑巧克力拌勻，待涼至不可有熱度（也可以分開拌）
3 材料C打至硬性發泡，材料A沖入迅速攪拌攪拌，否則會結硬塊，再加入拌好的B料
4 拌入烤熟花生片倒入平皿待涼切長條，即完成牛軋糖
5 夏日製作糖度可至140℃，以避免牛軋糖成品受熱易呈軟化現象

蔓越莓牛軋糖

50塊

器具

瓦斯爐
雪平鍋
溫度計
耐熱塑膠袋（5斤大）
平盤（42×36×2公分）
糖刀
電動打蛋器
木匙
包裝紙

材料

A 細砂糖……80g
　水飴……750g
　水……80g
B 奶油……90g
　奶粉……50g
C 義大利蛋白霜……40g
　冷開水……30g
D 烤乾蔓越莓……280g

STEP

1 把材料A混合

2 加熱煮至138℃

3 材料C打至硬性發泡，
將2沖入迅速攪打，否
則會結硬塊

4 打至濃稠狀

5 加入拌好的奶粉拌勻

6 再倒入融化的奶油

7 充分混合

8 拌入烤乾蔓越莓拌勻

9 倒入鋪好耐熱塑膠袋
的平盤中整平待涼

10 取出切長條

11 再切小塊

12 即可包裝

TIPS

▶ ＊買回來的蔓越莓比較
濕，會影響到牛軋糖的
軟硬度，要煮麥芽之前
就應該把所有的預備工
作準備好這樣才不會手
忙腳亂。

＊烘焙店賣的東西一定要
看保存期限。義大利蛋
白霜它是一種粉狀吃起
來甜甜的，購買時記得
看它的色澤是淡淡鵝
黃色。

＊夏日製作糖度可至140℃，
以避免牛軋糖成品受夏
季高溫的溫差影響呈軟
化現象。

抹茶牛軋糖

50小塊

器具

瓦斯爐、雪平鍋、溫度計、耐熱塑膠袋（5斤大）、平皿（42×36×2公分）、糖刀、電動打蛋器、木匙、包裝紙

材料

A 細砂糖.....80g
　水飴.....750g
　水.....80g
B 奶油.....90g
　奶粉.....50g
　抹茶粉.....10g
C 蛋白霜.....40g
　冷開水.....40g
D 烤熟花生片.....500g
　（烤箱預熱150℃保溫）

STEP

1 把材料A煮至135度
2 奶油隔水溶化，再加入奶粉、抹茶粉拌勻，待涼至不可有熱度
3 材料C打至硬性發泡，將1沖入迅速攪拌攪拌，否則會結硬塊，再加入拌好的奶油、奶粉、抹茶粉。（也可以分開拌）
4 拌入烤熟花生片倒入平皿待涼切長條，即完成牛軋糖
5 夏日製作糖度可至140℃，以避免牛軋糖成品受熱易呈軟化現象

TIPS

▶ 奶粉、抹茶粉可以先拌合才加入，拌合較均勻。

椰子牛軋糖

50塊

器具

瓦斯爐、雪平鍋、溫度計、耐熱塑膠袋（5斤大）、平盤（42×36×2公分）、糖刀、電動打蛋器、木匙、包裝紙

材料

A 細砂糖.....80g
　水飴.....750g
　水.....80g
B 椰子油.....90g
　椰子粉.....50g
C 蛋白霜.....40g
　冷開水.....40g
D 烤熟花生片
　.....500g

TIPS

▶ 使用椰子油是增加風味，若沒有椰子油當然可以使用奶油！

STEP

1 把材料A煮至135℃。（花生150℃保溫備用）
2 奶油隔水溶化，再加入椰子油、椰子粉拌勻，待涼至不可有熱度
3 材料C打至硬性發泡，1沖入迅速攪拌攪拌，否則會結硬塊，再加入拌好的椰子油、椰子粉
4 拌入熟花生片倒入平皿待涼切長條（6×2.5公分），即完成牛軋糖
5 夏日製作糖度可至138℃，以避免牛軋糖成品受熱易呈軟化現象

50塊

咖啡牛軋糖

● 器具

瓦斯爐、雪平鍋、溫度計、耐熱塑膠袋（5斤大）、平皿（42×36×2公分）、糖刀、電動打蛋器、木匙、包裝紙

● 材料

A 細砂糖.....80g
　水飴.....750g
　水.....80g
B 奶油.....90g
　奶粉.....50g
　咖啡粉.....20g
C 蛋白霜.....40g
　冷開水.....40g
D 烤熟核桃.....500g

STEP

1 把材料A煮至135℃
2 奶油隔水溶化，再加入奶粉拌勻，待涼至不可有熱度
3 材料C打至硬性發泡，材料A沖入迅速攪拌攪拌，否則會結硬塊，再加入拌好的2
4 拌入烤熟核桃倒入平皿待涼切6×2公分長條，即完成牛軋糖
5 夏日製作糖度可至138℃，以避免牛軋糖成品受熱易呈軟化現象

TIPS

▶ 咖啡粉、綠茶粉或堅果類…等素材的替換就可以有許多口味的變化囉！

TIPS
▶ 口味的變化可以用堅果類的替換囉！

50塊 # 紅茶牛軋糖

器具

瓦斯爐、雪平鍋、溫度計、耐熱塑膠袋（5斤大）、平盤（42×36×2公分）、糖刀、電動打蛋器、木匙、包裝紙

材料

A 細砂糖.....80g
　水飴.....750g
　水.....80g
B 奶油.....90g
　奶粉.....50g
　紅茶粉.....20g
　紅茶香料.....少許
C 蛋白霜.....40g
　冷開水.....40g
D 熟花生片.....500g

STEP

1 把材料A煮至135℃。（花生150℃保溫備用）
2 奶油隔水溶化，再加入奶粉、紅茶粉拌勻，待涼至不可有熱度
3 材料C打至硬性發泡，1沖入迅速攪拌攪拌，否則會結硬塊，再加入拌好的奶油、奶粉、紅茶粉
4 拌入保溫熟花生片倒入平盤，待涼切長條（6×2.5公分），即完成牛軋糖
5 夏日製作糖度可至140℃，以避免牛軋糖成品受熱易呈軟化現象

健康養生牛軋糖

杏仁牛軋糖

什錦養生糖

TIPS

▶ 什錦養生糖在夏季也只需煮到130℃的原因是因為配方中加入許多的堅果，為避免口感過硬，所以煮糖時不需煮至138℃。

TIPS

養生糖所需要的溫度比較高，裡 ◀
頭的蔓越莓和葡萄乾含有水份，溫
度高一點可以降低失敗，記得不可
以超過128℃，不然會變脆糖。

50塊

健康養生牛軋糖

● 器具

瓦斯爐、雪平鍋、溫度計、耐熱塑膠袋（5斤大）、平盤（42×36×2公分）、糖刀、電動打蛋器、木匙、包裝紙

● 材料

A 細砂糖……80g
　水飴……750g
　水……80g
B 奶油……90g
　奶粉……50g
　紅茶粉……20g
　紅茶香料……少許
C 蛋白霜……40g
　冷開水……40g
D 枸杞……50g
　松子……50g
　杏仁……50g
　綠葡萄乾……100g
　核桃……100g

STEP

1 把材料A煮至135℃
2 材料D一起入烤箱以150℃保溫備用
3 奶油隔水溶化，再加入奶粉、紅茶粉拌勻，待涼至不可有熱度
4 材料C打至硬性發泡，作法1沖入迅速攪拌攪拌，否則會結硬塊，再加入拌好的奶油、奶粉、紅茶粉
5 拌入保溫的材料D倒入平盤，待涼切長條（6×2.5公分），即完成牛軋糖

 4人份

杏仁牛軋糖

● 器具

瓦斯爐、雪平鍋、溫度計、耐熱塑膠袋（5斤大）、平盤（42×36×2公分）、糖刀、電動打蛋器、木匙、包裝紙

● 材料

A 細砂糖……80g
　水飴……750g
　水……80g
B 奶油……90g
　奶粉……50g
C 蛋白霜……40g
　冷開水……40g
D 烤熟杏仁……300g

STEP

1 把材料A煮至135℃。（杏仁150℃保溫備用）
2 奶油隔水溶化，再加入奶粉，待涼至不可有熱度
3 材料C打至硬性發泡，1沖入迅速攪拌攪拌，否則會結硬塊，再加入拌好的奶油、奶粉
4 拌入烤熟杏仁倒入平皿待涼切長條，即完成牛軋糖
5 夏日製作糖度可至138℃，以避免牛軋糖成品受熱易呈軟化現象

TIPS

▶ 杏仁是使用整顆的，食用時才有風味，切割時也可以看到杏仁。

 90個

什錦養生糖

● 器具

瓦斯爐、雪平鍋、切糖刀、平皿（36×20×2公分）、不沾布、溫度計、烤箱、木匙、鋼盆

● 材料

A 水飴……1200g
　鹽……5g
　水……100g
　糖……80g
B 棗醬……600g
C 特級太白粉……75g
　水……50g
D 沙拉油……150g
E 枸杞、烤熟南瓜子、熟腰果、蔓越莓乾、夏威夷豆、葡萄乾等……各100g

STEP

1 將材料A放入鋼盆中、中小火煮至120℃
2 再放入材料B邊煮邊攪拌至材料均勻，繼續煮至冒泡約118～120℃，即可加入材料C呈勾芡狀
3 依序又加入沙拉油繼續拌至122℃呈稠狀，即可熄火加入材料E拌勻
4 倒入鋪有耐熱袋（表面要抹薄層的油）的平皿中
5 再戴耐熱手套，壓軟糖表面至平整，待涼即可切成6×2.5公分長條塊後包裝

南棗核桃糖

90個

◎ 器具

瓦斯爐
雪平鍋
切糖刀
平皿（36×20×2公分）
不沾布
溫度計
烤箱
木匙
鋼盆

◎ 材料

A 水飴……1200g
　 鹽……10g
　 水……100g
　 糖……100g
B 棗醬……600g
　 棗泥……100g
C 特級太白粉……80g
　 水……60g
D 沙拉油……150g
E 核桃……700g

TIPS

▶ 購買棗醬一定要呈濃稠結糰狀，不要稀稀的，不然做出來的糖太軟容易失敗喔。

STEP

1 將材料A放入鋼盆中、中小火煮至120℃

4 依序加入沙拉油繼續拌至122℃呈稠狀

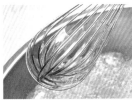

2 再放入材料B邊煮邊攪拌至材料混合，繼續煮至冒泡約118～120℃

什錦養生糖切割

5 即可熄火加入核桃拌勻

6 倒入鋪有耐熱袋（表面要抹薄層的油）的平皿中

3 即可加入材料C呈勾茨狀

7 再戴耐熱手套壓軟糖表面至平整，切成6×2.5公分長條塊後包裝

最小成本超有誠意
手工餅乾/小西點53種

糖油拌合法

1
盆中放入雪白油和奶油攪拌

2
加入鹽和過篩的糖粉

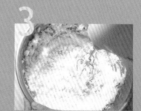
3
拌成均勻而光滑的乳白色

4
蛋分次拌入成光滑的油脂

5
加入過篩的材料C

6
開始攪拌

7
用橡皮刮刀拌勻成為一麵糰即為塔酥基本麵糰

 60片

五穀雜糧餅

---◯ 器 具---
擀麵棍、切刀、量匙

---◯ 材 料---

A 奶油……240g
　糖……80g

B 蛋……1個

C 低筋麵粉……200g
　小蘇打……1/8小匙
　肉桂粉……1/4小匙

D 胚芽……20g
　烤香的堅果類
　……160g（黑白芝
　麻、南瓜子、葵瓜
　子、杏仁角等各
　40g）

---◯ 烘 烤---

180/130℃約10～
12分鐘，表面呈扁
平與乾燥，底部可以
推得動就行了！

STEP

1 把A料全部攪拌後，加入蛋汁拌勻

2 把C料過篩後全部加入攪拌後，才加入D料拌勻，即成五穀雜糧餅麵糊

3 用量匙約1大匙的五穀雜糧餅麵糊，置入烤盤，手沾水，把麵糊整成10元硬幣的大小，就可送入烤箱囉

TIPS

▶ 烤香的堅果類可以依個人喜愛口味作調整的。

 20片

海苔葵瓜酥

---◯ 器 具---
電動打蛋器、刮刀、
包裝袋、不沾布

---◯ 材 料---

A 無鹽奶油……15g

B 細砂糖……50g
　蛋白……50g
　全蛋……30g

C 低筋麵粉……55g

D 葵瓜子……90g
　海苔粉……適量

---◯ 烘 烤---

160/160℃烤20分鐘

STEP

1 奶油先隔水加熱，直到奶油溶化即可

2 細砂糖和蛋攪勻，低筋麵粉事先過篩再加入

3 作法2加入1拌勻

4 最後拌入葵瓜子和海苔粉拌勻，靜置30分鐘以上

5 烤盤鋪不沾布，湯匙挖1匙在不沾布上，以手指沾水

6 以手推開弄成薄薄的一片就可以進烤箱了

TIPS

▶ 製作出來的薄片比杏仁瓦片還薄一點，不過它的香味不輸杏仁瓦片！

TIPS

▶ 整型成10元硬幣的小圓球後，也可用盒子收藏在冷凍冰箱，想吃的時候，只需加熱烤箱就可直接烤焙了！

咖啡核桃小餅乾

⊙ 器具

擀麵棍、切刀、白報紙、鋸齒刀

⊙ 材料

A. 奶油‥‥‥160g
　糖‥‥‥100g
B. 蛋黃‥‥‥2個（約40g）
　咖啡精‥‥‥1/4小匙
　蘭姆酒‥‥‥1/4小匙
C. 低筋麵粉‥‥‥230g
　原味咖啡粉‥‥‥10g
D. 烤香的碎核桃‥‥‥75g

⊙ 烘烤

180/130℃約12～15分鐘，表面呈金黃色，底部可以推得動就行了！

TIPS

▶ 整型成冷凍餅乾的麵糰，自冰箱取出要稍待5～10分鐘後，表面稍軟再切，如此冷凍餅乾較不會龜裂！

STEP

1 把A料全部攪拌後，加入B料拌勻

2 把C料過篩後全部加入攪拌後，加D料拌勻，直接整型成圓柱體的巧克力麵糰（約1.5公分直徑）

3 再用白報紙包裹整形成三角柱體，送入冷凍冰箱待硬

4 用鋸齒刀切厚約0.6～0.7的片狀，就可送入烤箱囉

杏仁果小餅乾

⊙ 器具

擀麵棍、切刀、白報紙、鋸齒刀

⊙ 材料

A. 奶油‥‥‥160g
　糖‥‥‥100g
B. 蛋黃‥‥‥2個（約40g）
　香草精‥‥‥1/4小匙
　蘭姆酒‥‥‥1/4小匙
C. 低筋麵粉‥‥‥240g
D. 烤香的杏仁果‥‥‥75g
　（切粒）

STEP

1 把A料全部攪拌後，加入B料拌勻

2 把C料過篩後全部加入攪拌後，才加入D料拌勻

3 直接整型成10元硬幣的小圓球，就可送入烤箱囉！

⊙ 烘烤

180/130℃約12～15分鐘，表面呈金黃色，底部可以推得動就行了！

燕麥餅乾

● 器具

電動打蛋器
刮刀
包裝袋

● 材料

A 無水奶油.....240g
　糖粉.....160g
B 燕麥片.....160g
　椰子粉.....160g
C 低筋麵粉.....200g
　蘇打粉.....5g
　奶水.....50g

● 烘烤

180/130℃ 約12～15分
鐘，表面呈金黃色，底
部可以推得動就行了！

TIPS

▶ 大多數的餅乾都是採用
糖油拌合法，方便操作。材
料名稱雖變，步驟是不會
改，但要注意天氣的變化和
油脂的軟硬，這樣做餅乾就
不容易失敗。

STEP

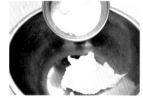

1 先將材料1全部倒入鋼
　盆內

2 攪拌中拌打至乳白色

3 再將材料B全部加入再
　攪拌均勻

4 將材料C的粉料過篩加
　入其中攪拌，最後加
　入奶水，拌勻成麵糰

5 手沾高筋麵粉(份量外)

6 將麵糰分成約25小顆
　揉成球狀

7 置烤盤上，鋪紙

8 再蓋上另一個烤盤

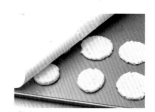

9 施力下壓，將餅乾壓
　扁即可進爐烘焙

燕麥葡萄餅乾

松子紅糖燕麥餅乾

燕麥餅乾

25片

松子紅糖燕麥餅乾

● 器 具

電動打蛋器、刮刀、包裝袋

● 材 料

A 無水奶油.....240g
　糖粉.....100g
　紅糖.....50g
B 燕麥片.....160g
　椰子粉.....160g
　松子.....100克
C 低筋麵粉.....200g
　蘇打粉.....5g
　奶水.....50g

STEP

1 先將材料A全部倒入攪拌內中攪拌至乳白色
2 再將材料B全部加入再攪拌均勻
3 將材料C中的過篩加入其中攪拌，最後再加入，拌勻即可
4 分成約25小顆揉成球狀，置於烤盤上，稍為輕壓扁即可進爐烘烤

● 烘 烤

180/130℃約12～15分鐘，表面呈金黃色，底部可以推得動就行了！

TIPS

▶ 這個配方中使用的紅糖就是超市買得到的「黑糖」，而不是「二砂」喔。

25片 # 燕麥葡萄餅乾

器 具
電動打蛋器、刮刀、包裝袋

烘 烤
180/130℃約12～15分鐘，表面呈金黃色，底部可以推得動就行了！

材 料
A 無水奶油.....210g
　砂糖.....260g
　全蛋.....1顆
B 燕麥片.....160g
　葡萄乾.....100g
　蘭姆酒.....30g
　碎核桃.....150g
C 低筋麵粉.....200g
　蘇打粉.....5g
　肉桂粉.....5g

STEP

1 先將材料A全部倒入鋼盆內中攪拌至乳白色再加入全蛋拌勻
2 再將材料B全部加入攪拌均勻
3 將材料C的粉料過篩加入，拌勻成麵糰即可
4 將麵糰分成約25小顆，揉成球狀，置烤盤上，稍壓扁即可進爐烘焙

TIPS

▶ 若不希望餅乾糖份過高，可將葡萄乾泡水後濾乾再用。

可可方塊小餅乾

核桃小餅乾

可可方塊小餅乾

● 器具

擀麵棍、切刀、白報紙、鋸齒刀

● 材料

A 奶油……160g
　 細砂糖……100g
B 蛋黃……2個（約40g）
　 香草精……1/4小匙
　 蘭姆酒……1/4小匙
C 低筋麵粉……240g
D 可可粉……15g
　 熱水……2小匙

● 烘烤

180/130℃約12～15分鐘，表面呈金黃色，底部可以推得動就行了！

TIPS

▶ 整成九宮格狀的整型較繁複，也可以2黑2白做成交錯正方格的雙色小餅乾喲！

STEP

1 把A料全部攪拌後，加入B料拌勻

2 把C料過篩後全部加入攪拌後，取出2/3麵糰，才加入事先調勻的D料拌勻，直接整型成巧克力麵糰，做成每條約0.8公分直徑的長條5條

3 剩餘1/3的白麵糰，做成每條約0.8公分直徑的長條4條，一黑一白的麵條，周邊抹薄薄的水

4 把一黑一白的麵條黏整成九宮格狀，用白報紙包裹

5 送入冷凍冰箱待硬，用鋸齒刀切厚約0.6～0.7的片狀，就可送入烤箱囉

● 器具

擀麵棍、切刀、白報紙、鋸齒刀

● 材料

A 奶油……160g
　 糖……100g
B 蛋黃……2個（約40g）
　 香草精……1/4小匙
　 蘭姆酒……1/4小匙
C 低筋麵粉……240g
D 烤香的碎核桃……75g

STEP

1 把A料全部攪拌後，加入B料拌勻
2 把C料過篩後全部加入攪拌後，才加入D料拌勻
3 直接整型成圓柱體，用白報紙包裹，送入冷凍冰箱待硬，用鋸齒刀切厚約0.6～0.7的片狀，就可送入烤箱囉

● 烘烤

180/130℃約12～15分鐘，表面呈金黃色，底部可以推得動就行了！

TIPS

▶ 整型成冷凍餅乾的麵糰，自冰箱取出要稍待5～10分鐘後，表面稍軟再切，如此冷凍餅乾較不容易裂！

松子小餅乾

大理石小餅乾

大理石小餅乾

● 器具

擀麵棍、切刀、白報紙、鋸齒刀

● 材料

A 奶油……160g
　細砂糖……100g
B 蛋黃……2個（約40g）
　香草精……1/4小匙
　蘭姆酒……1/4小匙
C 低筋麵粉……240g
D 可可粉……15g
　熱水……2小匙

● 烘烤

180/130℃約12～15分鐘，表面呈金黃色，底部可以推得動就行了！

TIPS

▶ 扭轉成圓柱體整型的變化，會因個人手法不同，做出許多漂亮的不規則紋路，所以才稱為「大理石」冷凍餅乾！

STEP

1 把A料全部攪拌後，加入B料拌勻

2 把C料過篩後全部加入攪拌後，取出1/2麵糰，才加入事先調勻的D料拌勻，直接整型成巧克力麵糰，做成每條約1公分直徑的長條

3 白麵糰及可可麵糰，分別做成每條約1公分直徑的長條，轉成麻花狀

4 從中對切

5 將兩條麵糰平行放置

6 一起搓成圓柱體

7 1/2的白麵糰擀平抹薄薄的水

8 將扭轉成圓柱體的麵糰包起

9 完全裹起

10 用白報紙包裹，送入冷凍冰箱待硬

11 用鋸齒刀切厚約0.6～0.7的片狀，就可送入烤箱囉

松子小餅乾

● 器具

擀麵棍、切刀、白報紙、鋸齒刀

● 材料

A 奶油……160g
　糖……100g
B 蛋黃……2個（約40g）
　香草精……1/4小匙
　蘭姆酒……1/4小匙
C 低筋麵粉……240g
D 烤香的松子……75g

STEP

1 把A料全部攪拌後，加入B料拌勻
2 把C料過篩後全部加入攪拌後，才加入D料拌勻，直接整型成圓柱體
3 用白報紙包裹，送入冷凍冰箱待硬
4 用鋸齒刀切厚約0.6～0.7的片狀，就可送入烤箱囉

● 烘烤

180/130℃約12～15分鐘，表面呈金黃色，底部可以推得動就行了！

TIPS

▶ 整型成冷凍餅乾的麵糰，自冰箱取出要稍待5～10分鐘後，表面稍軟再切，如此冷凍餅乾較不會龜裂！

巧克力杏仁角小餅乾

器具

擀麵棍、切刀、白報紙、鋸齒刀

材料

A 奶油.....160g
　糖.....100g
B 蛋黃.....2個（約40g）
　香草精.....1/4小匙
　蘭姆酒.....1/4小匙
C 低筋麵粉.....240g
D 可可粉.....15g
　熱水.....2小匙
E 烤香的杏仁角.....75g

STEP

1 把A料全部攪拌後，加入B料拌勻
2 把C料過篩後全部加入攪拌後，取出2/3麵糰，才加入事先調勻的D料拌勻再加入杏仁角，直接整型成圓柱體的巧克力麵糰（約1.5公分直徑）
3 剩餘1/3的白麵糰用擀麵棍擀成長片（約0.5厚），表面抹薄薄的水，把巧克力麵糰包起來
4 才用白報紙包裹，送入冷凍冰箱待硬，用鋸齒刀切厚約0.6～0.7的片狀，就可送入烤箱囉

烘烤

180/130℃約12～15分鐘，表面呈金黃色，底部可以推得動就行了！

抹茶餅乾

器具

擀麵棍、切刀、白報紙、鋸齒刀

材料

A 奶油.....160g
　細砂糖.....100g
B 蛋黃.....2個（約40g）
　香草精.....1/4小匙
　蘭姆酒.....1/4小匙
C 低筋麵粉.....240g
D 抹茶粉.....1大匙
　抹茶香料.....1/8小匙

烘烤

180/130℃約12～15分鐘，表面呈金黃色，底部可以推得動就行了！

TIPS

▶ 抹茶粉即是日式綠茶粉，有些綠茶粉加入後顏色不明顯，所以可以加些綠茶香草精帶出香味。

STEP

1 把A料全部攪拌後，加入B料拌勻

2 把C料過篩後加入攪拌後，取出2/3麵糰，才加入事先調勻的D料拌勻，直接整型成圓柱體的抹茶麵糰（約1.5公分直徑）整型成圓柱體

3 剩餘1/3的白麵糰用擀麵棍擀成長片（約0.5厚），表面抹薄薄的水，把抹茶麵糰包起來

4 才用白報紙包裹，送入冷凍冰箱待硬

5 用鋸齒刀切厚約0.6～0.7的片狀，就可送入烤箱囉

巧克力杏仁角小餅乾

TIPS
▶ 整型成冷凍餅乾的麵糰，
自冰箱取出要稍待5～10分
鐘後，表面稍軟再切，如此
冷凍餅乾較不會龜裂！

抹茶餅乾

南瓜子瓦片

松子瓦片

法式杏仁瓦片

南瓜子瓦片

45片

● 器具
電動打蛋器、刮刀、包裝袋、不沾布

● 材料
糖粉……180g
低筋麵粉……50g
蛋白……90g
全蛋……120g
奶油……40g
南瓜子……250g

STEP
1 奶油先隔水加熱，直到奶油溶化即可
2 糖粉、低筋麵粉，一起事先過篩，和蛋類攪勻
3 把做法2加入1拌均勻
4 隔水加熱，攪打均勻，以溫水約70℃加熱即可，不可太高溫，以免蛋液凝固
5 最後拌入南瓜子靜置30分鐘以上
6 烤盤鋪不沾布，湯匙挖1匙在防沾布上，以手指沾水，以手推開弄成薄薄的一片入烤箱烘烤

● 烘烤
160/160℃烤20分鐘

TIPS
▶ 要使用生的南瓜子，若加入烤過的南瓜子，再次烘烤容易焦黑。

松子瓦片

45片

● 器具
電動打蛋器、刮刀、包裝袋、不沾布

● 材料
糖粉……200g
低筋麵粉……50g
蛋白……90g
全蛋……120g
奶油……40g
松子……300g

STEP
1 奶油先隔水加熱，直到奶油溶化即可
2 糖粉、低筋麵粉，一起事先過篩，和蛋類攪勻
3 把做法2加入1拌均勻
4 隔水加熱，攪打均勻，以溫水約70℃加熱即可，不可太高溫，以免蛋液凝固
5 最後拌入松子靜置30分鐘以上
6 烤盤鋪不沾布，湯匙挖1匙在防沾布上，以手指沾水，以手推開弄成薄薄的一片入烤箱烘烤

● 烘烤
160/160℃烤20分鐘

TIPS
▶ 松子比杏仁片厚，所以烤焙的時間較長喲！

法式杏仁瓦片

45片

● 器具
電動打蛋器、刮刀、包裝袋、不沾布

● 材料
A 奶油……110g
　細砂糖……100g
B 蛋白……100g
　香草精……少許
C 低筋麵粉……110g
D 酸奶……10g
　（隔水稍溶備用）
　杏仁片……100g

STEP
1 先將材料A打發，分次加入材料B拌勻，再加入材料C拌勻
2 再加入材料D拌勻放入冷藏
3 靜置30分鐘以上，再取出平均抹在烤盤上

● 烘烤
160/160℃烤15～20分鐘

TIPS
▶ 這個配方的味道不像傳統的瓦片那麼酥脆，它的口感有點酸甜，如果喜歡重一點的口感可以多加10g的起司粉。

杏仁千層酥

30小條

● 器具

電動打蛋器、刮刀、
擠花袋、包裝袋

● 材料

A 現成起酥片.....6片
（約12*12正方）
B 糖粉.....200g
蛋白.....1顆
杏仁角.....適量

● 烘烤

170/150℃烤約10分
鐘，關上火悶烤
25分鐘

TIPS

▶ 若把起酥片切的太窄
（小於1.5公分），烘焙後
的杏仁酥條會頃倒一
邊，外觀就不好看啦。

STEP

1 先將糖粉加蛋白拌勻
成為蛋白霜

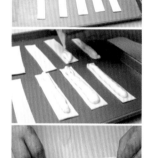

2 將起酥片6片切割長條
（寬約2公分），擠上粗
厚的蛋白霜，灑上杏
仁角入爐烘烤

3 待涼即可包裝

40片

楓糖巧克力片

● 器具

烤箱、手套、鋼盆、
烤盤、電動打蛋器、
刮刀、包裝袋

● 材料

A 奶油.....200g
細砂糖.....150g
B 楓糖醬.....80g
鮮奶油.....30g
C 低筋麵粉.....380g
小蘇打.....6g
（一起過篩）
巧克力豆.....150g

● 烘烤

170/170℃ 烤20分鐘

STEP

1 把A料採糖油拌合法
2 依序加入B料攪拌均勻
3 最後加入C粉類和巧克力
豆徹底拌勻
4 將作法C分成約40小
顆，揉成球狀置於烤盤
上，稍為輕壓扁即可進
爐烘烤

TIPS

▶ 若無巧克力豆，也可加入黑
色巧克力米（約100g），烘焙
出的外觀也是不錯的。

義式烘片 45片

材料
A 低筋麵粉.....175g
　高筋麵粉.....75g
　泡打粉.....2.5g
B 細砂糖.....120g
　小蘇打.....2.5g
　鹽.....少許
C 全蛋.....120g
D 核桃.....70g
　杏仁果.....50g
　開心果.....30g

烘烤
170/150℃ 全程約
55分鐘

STEP
1 烤箱預熱至170℃，將
　杏仁果平鋪在烤盤上，
　烤7分鐘，待冷後稍切
　碎即可
2 把麵粉加糖，小蘇打和
　鹽，混合過篩後，與杏
　仁混合
3 蛋打散與粉類和堅果混
　合成麵糰
4 手沾麵粉把麵糰揉成兩
　糰，在烤盤上整型成兩
　條10公分寬，1.5公分
　厚的長餅，刷上蛋水，
　烤箱降溫至150℃，烤
　35分鐘
5 烤35分鐘後，待餅乾溫
　度微降，再斜切成1公
　分寬的長條，切面朝
　上，烤10分鐘，翻面，
　將烤箱門微開（烤箱溫
　度歸零），用餘溫將餅
　乾再烤10分鐘烘乾

TIPS
▶ 長時間烘烤的作用是
因為乾果類需較多時間
充分烤乾，口感才不會
回軟！

菊花餅乾 40片

器具
花嘴、電動打蛋器、刮刀、
包裝袋

材料
A 奶油.....200g
　糖粉.....120g
　鹽.....1/4茶匙
B 中筋麵粉.....260g
C 奶水.....40g
　起士粉.....30g

烘烤
170/170℃烤18～25分鐘

STEP
1 將材料A準備好，奶油、
　糖粉與鹽一起放入盆
　中，拌至糖溶解
2 粉類過篩後和打發奶油
　混合，加入即可
3 再將奶水分次加入，再
　加入起士粉繼續攪拌
　均勻
4 將作法3麵糊，裝入有花
　嘴的擠花袋，把麵糊擠
　入烤盤
5 進爐烘烤至呈現金黃色
　即可

TIPS
▶ 麵糊若偏硬可加牛奶調節軟
硬度！

杏仁瓦片

白瓜子瓦片

45片

杏仁瓦片

器具

電動打蛋器、木匙、包裝袋、不沾布

材料

糖粉.....200g
低筋麵粉.....50g
蛋白.....90g
全蛋.....120g
奶油.....40g
脫皮杏仁片.....300g

烘烤

160/160℃烤15分鐘

TIPS

▶ 隔水加熱攪打均勻，是增加麵糊穩定性，所呈現的「瓦片」酥脆口感才不會回軟！

STEP

1 油先隔水加熱，直到奶油溶化

2 糖粉、低筋麵粉，一起事先過篩，和蛋類攪勻

5 倒入杏仁片（可分3次慢慢拌勻）浸泡2小時

3 把做法2加入1拌均勻

6 烤盤鋪不沾布，湯匙挖1匙在防沾布上

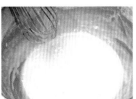

4 隔水加熱，攪打均勻，以溫水約70℃加熱即可，不可太高溫，以免蛋液凝固

7 以手指沾水，以手推開弄成薄薄的一片入烤箱烘烤

45片

白瓜子瓦片

器具

電動打蛋器、木匙、包裝袋、不沾布

材料

糖粉.....180g
低筋麵粉.....50g
蛋白.....90g
全蛋.....120g
奶油.....40g
白瓜子.....250g

STEP

1 奶油先隔水加熱，直到奶油溶化即可

2 糖粉、低筋麵粉，一起事先過篩，和蛋類攪勻

3 把做法2加入1拌均勻

4 隔水加熱，攪打均勻，以溫水約70℃加熱即可，不可太高溫，以免蛋液凝固

5 最後拌入白瓜子靜置30分鐘以上

6 烤盤鋪不沾布，湯匙挖1匙在防沾布上，以手指沾水，以手推開弄成薄薄的一片入烤箱烘烤

烘烤

160/160℃烤20分鐘

TIPS

▶ 白瓜子比杏仁片厚，所以烤焙的時間較長喲！

巧克力豆餅乾

30片 # 果醬奶酥餅

器具

花嘴、電動打蛋器、刮刀、包裝袋、不沾布、三角紙

材料

A 奶油......200g
　糖粉......120g
　鹽......1/4茶匙
B 中筋麵粉......260g
C 奶水......40g
　起士粉......30g
D 裝飾用橘子果醬
　......少許

烘烤

170/170℃ 烤18～25分鐘

TIPS

▶ 有些果醬的糖度偏高，烘焙後會偏硬，也可以在餅乾烤後才加在表面上。

STEP

1 將材料A準備好，奶油、糖粉與鹽一起放入盆中，拌至糖溶解
2 粉類過篩後和打發奶油混合，加入即可
3 再將奶水分次加入，繼續攪拌至均勻即可
4 將作法3麵糊，裝入有花嘴的擠花袋，把麵糊擠入烤盤
5 三角紙裝入少許果醬在麵糊中間點綴，進爐烘烤至呈現金黃色即可

35片 # 巧克力豆餅乾

器具

電動打蛋器、刮刀、包裝袋

烤焙

180/50℃烤約15～23分鐘

TIPS

▶ 巧克力豆也可以加些在表面上烘焙，除賣相佳，口味佳。

材料

A 奶油......85g
　白油......100g
　細砂糖......180g
　鹽......1/2匙
B 低筋麵粉......450g
　可可粉......75g
　蘇打粉......1/2匙
C 奶水......70g
　巧克力豆......150g

STEP

1 奶油、白油、細糖、食鹽先打至鬆發
2 低筋麵粉、可可粉、蘇打粉一起過篩後加入拌勻
3 最後奶水、巧克力豆加入拌勻即可
4 將麵糰分割約35個，搓圓放在烤盤上後稍微壓扁
5 進爐烘烤，爐溫180℃烤10～15分鐘，烤盤轉向降溫至150℃烤5～8分鐘

核桃派

器具
電動打蛋器、刮刀、包裝袋

材料
現成塔皮.....20個
生核桃.....300g
（表面裝飾）
防潮糖粉.....適量
（表面裝飾）

內餡
奶油.....340g
細砂糖.....180g
蛋黃.....280g
中筋麵粉.....250g
葡萄乾.....375g
蜜核桃.....300g
椰子粉.....120g

烘烤
160/160℃烤60分鐘

▶ 拌好的內餡有點溼溼黏黏的，在烘焙的過程中核桃派會釋放出大量的油脂，不過吃起來一點也不油膩喔！

STEP

1 將所有內餡材料拌勻，放入現成塔皮內

2 整型成圓錐形，表面沾生核桃排列在烤盤上，進烤箱烤約60分鐘

3 出爐待涼表面灑上防潮糖粉即完成

綠茶餅乾

 25片

綠茶餅乾

● 器具

電動打蛋器、刮刀、包裝袋

● 材料

A 低筋麵粉……220g
　抹茶粉……10g
B 奶油……260g
　糖粉……80g
　鹽……5g

STEP

1 將麵粉、綠茶粉一起過篩備用

2 奶油攪打至顏色變淺及鬆軟，加入糖粉、鹽繼續打發

3 麵粉分次加入拌好的奶油鋼盆中、將麵糰搓長條狀保鮮膜包好後到冰箱冷藏約30分鐘或至麵糰變硬

4 取出切1公分厚度，排入烤盤進烤箱烤約15～20分鐘即可，出爐待涼就可以包裝

● 烘烤

170/170℃烤15～20分鐘

TIPS

▶ 綠茶粉的保存要冷藏密封收藏，不然會氧化受潮，綠茶的茶味變淡，顏色也暗沉不鮮綠了！

 # 開心果餅乾 **30個**

器具

電動打蛋器、刮刀、包裝袋

烤焙

180/160℃烤20～25分鐘

材料

A 無鹽奶油……120g
　糖粉……60g
　全蛋……60g
B 奶粉……2大匙
　高筋麵粉……270g
　蘇打粉……10g
　（一起過篩）
C 開心果……60g
　（切碎）

STEP

1 無鹽奶油加入糖粉拌勻成軟化狀

2 全蛋加入拌勻

3 再加入所有粉類拌勻，再加入開心果碎粒拌勻

4 分割成約30個搓圓，搓圓壓扁，進入烘焙

TIPS

▶ 這個配方作法簡單，要記得開心果是用生的不必事先烤熟喔！

抹茶薄片

器 具
電動打蛋器、刮刀、包裝袋、不沾布、擠花袋

材 料
A 細砂糖.....40g
　低筋麵粉 25g
B 蛋白.....100g
　沙拉油.....30g
　（溶化奶油）
　香草精.....1/2小匙
　抹茶粉.....10g

烤 焙
170/170℃烤10～12分鐘

STEP

1 烤箱預熱至170℃，烤盤上鋪不沾布
2 糖加麵粉混合後，依序加入蛋白、油、香草精及抹茶粉
3 將抹茶麵糊裝入擠花袋，擠在舖有不沾布的烤盤上
4 擠好後把烤盤向下往桌面重敲一下，就可以入烤箱中烤10～12分鐘，呈金黃色出爐

TIPS
▶ 要強調抹茶的顏色，建議用油以沙拉油為佳！

 # 巧克力薄餅

器 具
電動打蛋器、刮刀、包裝袋、不沾布、擠花袋

材 料
A 奶油.....100g
　糖粉.....70g
　鹽.....3g
B 蛋.....80g
C 可可粉.....10g
　中筋麵粉.....100g

STEP

1 將奶油、糖粉、鹽一起拌打均勻
2 分次加入蛋拌勻
3 加入已過篩的可可粉、中筋麵粉
4 麵糊放入擠花袋(或用湯匙)，擠在舖有不沾布的烤盤上，擠成方型，平均要有3公分的距離，不然會黏在一起，再入烤箱烘烤

烘 烤
160/160℃烤15～20分鐘

TIPS
▶ 巧克力薄餅因含有可可粉，烘焙後流性較大，所以距離要寬些。

抹茶薄片

巧克力薄餅

芝麻薄片

海苔薄餅

芝麻薄片

器具

打蛋器、刮刀、包裝袋、不沾布、擠花袋

材料

A 細砂糖.....40g
低筋麵粉.....25g
B 蛋白.....100g
沙拉油.....30g
（溶化奶油）
香草精.....1/2小匙
黑芝麻.....80g

烘烤

170/170℃烤10～12分鐘

TIPS

▶「薄片」與「瓦片」外型類似，但做法以「薄片」較簡單！

STEP

1 A料混合後，依序加入蛋白

2 混合均勻

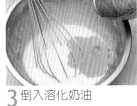

3 倒入溶化奶油

4 拌勻

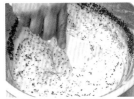

5 加入黑芝麻拌勻成麵糊

6 將芝麻糊裝入擠花袋，擠在鐵弗龍的烤盤上（或舖不沾布）

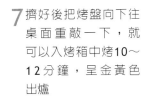

7 擠好後把烤盤向下往桌面重敲一下，就可以入烤箱中烤10～12分鐘，呈金黃色出爐

海苔薄餅

器具

電動打蛋器、刮刀、包裝袋、不沾布、擠花袋

材料

A 奶油.....100g
糖粉.....70g
鹽.....少許
B 蛋.....100g
C 奶粉.....10g
中筋麵粉.....100g
（需過篩）
D 海苔粉.....少許

STEP

1 將奶油、糖粉、鹽一起打至均勻
2 分次加入全蛋打勻
3 加入過篩好的奶粉、中筋麵粉
4 麵糊放入擠花袋（或用湯匙），擠在舖有不沾布的烤盤上，擠成圓型
5 入爐前重盪烤盤一下，再撒海苔粉在表面就可以入爐了

烘烤

160/160℃烤10分鐘

TIPS

▶ 入爐前重盪烤盤再撒海苔粉，可增加定型效用。

12個

蛋塔

◎ 器具
擀麵棍、切刀、刷子

◎ 材料

塔皮
酥油……72g
糖粉……48g
鹽……1/8小匙
蛋……30g
泡打粉……1/8小匙
低筋麵粉……120g

內餡
糖……64g
牛奶……96g
鹽……1/4小匙
蛋黃……24g
蛋……56g

STEP

1 把塔皮全部攪拌後，揉成光滑麵糰覆保鮮膜鬆弛20分鐘，分割成12個小麵糰
2 把內餡全部攪拌後，加熱至糖化了即可離火
3 才把蛋黃和全蛋加入拌勻，過篩成為雞蛋布丁液備用
4 分割的麵皮置入模型
5 整形後，邊皮塗2次蛋黃水，再倒入雞蛋布丁液約7～8分滿，就可送入烤箱囉

◎ 烘烤
210/230℃約15分鐘，表面呈蛋液凝固呈金黃色，邊皮上色就行了！

TIPS
▶ 為避免底火過高造成蛋液過熟，要在烤箱底層多放一個烤盤。

蛋塔

椰子塔

椰子塔

12個

◉ 器具
擀麵棍、切刀、刷子

◉ 材料

塔皮
酥油⋯⋯72g
糖粉⋯⋯48g
鹽⋯⋯1/8小匙
蛋⋯⋯30g
泡打粉⋯⋯1/8小匙
低筋麵粉⋯⋯120g

內餡
奶油⋯⋯25g
糖粉⋯⋯120g
蛋⋯⋯55g
鹽⋯⋯1/4小匙
牛奶⋯⋯30g
椰子粉⋯⋯120g

STEP

1 把塔皮全部攪拌後，揉成光滑麵糰覆保鮮膜鬆弛20分鐘，分割成12個小麵糰

2 把內餡全部攪拌後，即為椰子餡備用

3 分割的麵皮置入模型，整形後，再加入椰子餡約8分滿，表面抹平，就可送入烤箱囉

◉ 烘烤
190/210℃約15～20分鐘，表面呈金黃色，就行了！

TIPS
▶ 椰子餡加入模型中會黏手，使用的器具可先沾水，就可以輕鬆抹平表面。

蛋糕小點

30對

◉ 器具
電動打蛋器、刮刀、包裝袋、白報紙、擠花袋

◉ 材料

A 全蛋⋯⋯3個
　蛋黃⋯⋯1顆
　細砂糖⋯⋯120g
　鹽⋯⋯少許
B 低筋麵粉⋯⋯100g
　（需過篩）
　香草精⋯⋯1/2 小匙
C 糖粉⋯⋯適量（裝飾用）

◉ 烘烤
200/0℃烤8分鐘

STEP

1 材料A打發至乳白色

2 加入香草精及已過篩的低筋麵粉，用刮刀輕輕拌勻

3 白報紙裁成烤盤所需的大小，將麵糊裝入擠花袋

4 再紙上擠出適當大小的圓球，灑上糖粉，入爐用上火烤8分鐘即可

TIPS
▶ ＊這個配方的作法簡單，也容易成功，拌的過程如果想要有一點顏色可以加入少許的草莓醬或是咖啡醬

＊兩片中間的夾層友多種變化，果醬、打發的奶油霜都是不錯的選擇喔！

＊麵糊灑上糖粉後，記得要將多餘的糖粉倒出來，下次可以繼續使用。

35份 玫瑰餅乾

● 器 具

電動打蛋器、刮刀、
包裝袋、圓型紙杯
35個

● 材 料

A 奶油.....60g
　蛋.....2個
　細沙糖.....70g
B 低筋麵粉.....170g
　發粉.....2茶匙
　牛奶.....100 cc
C 乾燥玫瑰花.....少許

● 烘 烤

170/180℃烤30分鐘

TIPS

▶ 紙製模型要能耐高
溫，不可有油墨在盛裝
食物面上，以免高溫烘
焙時，會出現異味與煙
霧喲。

STEP

1 將奶油放入鋼盆中，打
　成黏稠狀
2 蛋一顆顆陸續加入，打
　散一顆後再加入另一顆
3 將糖分次加入以免結
　塊，最好能夠邊攪拌邊
　放糖，使其均勻
4 將粉料過篩後加入做法
　3中拌勻後，才加入牛
　奶拌勻
5 放入玫瑰花瓣並充分攪
　勻，鬆弛約15分鐘，待
　其入味
6 將攪拌完成的做法5倒
　入紙杯中，進行烘焙

玫瑰餅乾

薰衣草花茶餅

40小片 薰衣草花茶餅

器 具

電動打蛋器、
刮刀、包裝袋、
三角紙

烤 焙

180/170℃烤
15～18分鐘

材 料

A 乾燥薰衣草.....15g
B 奶油.....100g
　砂糖.....60g
　蛋.....60g
D 低筋麵粉.....210 g
　蘇打粉.....5g
　奶粉.....15 g
　（一起過篩）

STEP

1 將奶油在室溫下放軟後拌打至鬆
　軟，加入砂糖攪拌至光滑狀、再
　將蛋加入拌勻
2 低筋麵粉、蘇打粉、奶粉過篩，
　再加入拌好的麵糊，攪拌成軟
　麵糰
3 將薰衣草加入
4 以湯匙取適量在烤盤上烘烤

TIPS

▶ 也可將薰衣草以20cc的熱開水沖泡
出茶汁加入麵糊中。

檸檬椰子小餅

器具

電動打蛋器、刮刀、包裝袋、不沾布

材料

蛋黃.....60g
細砂糖.....30g
檸檬皮.....半顆切絲
檸檬汁.....10g
低筋麵粉.....50g
泡打粉.....5g
鹽.....5g
椰子粉.....100g

烘烤

170/170℃烤20分鐘

TIPS

▶ 檸檬皮要用的只有綠皮部分，不要切到內部的白膜，會苦的喲！

STEP

1 蛋黃與糖拌勻，再加入鹽、檸檬汁調味

2 椰子粉、檸檬皮、低筋麵粉、泡打粉與1混拌均勻

3 麵糰分搓成約25顆小球鋪在烤盤上

2-1

2-2

2-3

3

拿破崙派

器具

擀麵棍、切刀、刷子

材料

酥皮12×12正方片
……10片
杏仁片……100g
（150℃烤香即可）

法式布丁餡

A 打發鮮奶油……200g
B 克林姆粉……100克
　牛奶……300克
　蘭姆酒……1/4小匙

蛋黃水

蛋黃……2個
全蛋……1個

烘烤

210/210℃約15分鐘，
表面呈金黃色，底部可
以推得動就行了！

TIPS

▶ 也有把酥皮切成條狀，
烤熟後再抹上法式布丁餡並
沾上烤香的杏仁片，就是
「拿破崙酥條」。

STEP

1 把酥皮鋪在烤盤上，
表面塗2次蛋黃水

2 用叉子戳出小孔。就
可送入烤箱

3 把材料B煮成濃稠狀待
涼，把材料A的鮮奶油
打發成成棉花狀加入

4 加入打發的鮮奶油拌
勻成「法式布丁餡」

5 烤成金黃色又膨脹的
酥皮取出放涼

6 把酥皮從中層剝開

7 抹入法式布丁餡

8 並灑上烤香的杏仁片
後黏合

9 也在邊緣與表面都再
抹上法式布丁餡並灑
上烤香的杏仁片即完
成「拿破崙派」

椰子蛋白甜餅

30球

● 器 具

電動打蛋器、刮刀、包
裝袋、不沾布

● 材 料

蛋白……80g
細砂糖……60g
香草精……適量
椰子粉……50g

盛入烤盤

加入粉料

STEP

1 蛋白加糖打發至乾性
　發泡
2 加入香草精、椰子粉
　拌勻
3 用湯匙挖一球一球放
　在舖有不沾布的烤盤
　上，入烤箱烘烤

乾性發泡

● 烘 烤

150/150℃烤30分鐘

TIPS

▶ 要用湯匙做造型，容易
脫落在烤盤上，可以將湯匙
在使用前沾水即可

 30個 ## 咖啡西餅

● 器具
電動打蛋器、刮刀、
包裝袋

● 材料
A 無鹽奶油……120g
　糖粉……60g
B 全蛋……50g
　奶粉……30g
　即溶咖啡粉……15g
　高筋麵粉……250g
C 杏仁果……少許

● 烘烤
上火150/200℃烤
20～25分鐘

STEP
1 無鹽奶油加入糖粉拌
　至軟
2 全蛋分**3**次加入拌勻
3 再加入所有粉類拌勻
4 分割成約**30**個搓圓，中
　心用拇指往下壓放入
　杏仁果
5 進烤箱烤約**20～25分鐘**

TIPS
▶ 杏仁果表面容易烤焦，
所以上火溫度要低溫。

30個 ## 紅茶餅乾

● 器具
電動打蛋器、刮刀、
包裝袋

● 材料
A 奶油……120g
　糖粉……60g
B 蛋……50g
　奶粉……30g
　紅茶粉……20g
　高筋麵粉……270g
C 紅茶香精……少許

● 烘烤
150/150℃烤15～
20分鐘

STEP
1 奶油拌至軟加入糖粉拌
　勻後，蛋加入拌勻
2 再加入所有粉類拌勻
　（須事先過篩）最後加入
　紅茶香料拌勻
3 分割成二糰搓成圓柱
　形，進冰箱冰硬取出切
　片約**1.5公分**厚度
4 排整齊放入烤盤，進烤
　箱烤約**15～20分鐘**

TIPS
▶ 紅茶粉若不易取得，
可用紅茶茶葉磨屑替之！

30個 檸檬西餅

檸檬西餅

肉桂蘋果餅乾

器具
電動打蛋器、刮刀、包裝袋

材料
A 奶油……120g
　糖粉……60g
B 高筋麵粉……270g
　蘇打粉……5g
　奶水……40g
　檸檬汁……15g
C 檸檬皮……1顆
　（切細絲）

STEP
1 奶油加入糖粉拌至軟
2 再加入所有粉類拌勻
　（需過篩）
3 再拌入液態材料最後加
　入檸檬皮拌勻
4 分割成約30個搓圓，稍
　微壓扁入烤箱烘烤

烘烤
150/160℃烤20～25分鐘

TIPS
▶ 檸檬汁若用檸檬香料替代只
用1／2的量即可！

35片 肉桂蘋果餅乾

器具
電動打蛋器、
刮刀、包裝袋、
不沾布

烤焙
170/180℃烤
20～22分鐘

材料
A 無鹽奶油……120g
　細砂糖……100g
　黑糖……40g
　鹽……少許
B 蛋……60g
C 低筋麵粉……150g
　泡打粉……10g
　肉桂粉……10g
　（需過篩）
　麥片……50g
　葡萄乾……90g
D 蘋果……半個(切丁)
　麥片……適量
　（裝飾用）

STEP
1 材料A打至鬆軟，分次加進蛋
　拌勻
2 加入粉類拌勻，並加入麥片和
　葡萄乾拌勻，最後加進切好的
　蘋果丁拌勻
3 將麵糰用湯匙舀放在鋪不沾布
　的烤盤上，每塊距離約3cm，
　表面灑少許麥片進爐烤20～
　22分就可以出爐了

TIPS
▶ 麥片以原味為主，不要選擇加料的
麥片，以免破壞餅乾的原味。

西姆利 15對

● 器具

電動打蛋器、刮刀、包裝袋、不沾布、擠花袋、花嘴

● 材料

A 酥油.....75g
　白油.....100g
　糖粉.....230g
B 奶水.....50g
C 高筋麵粉.....300g
　起士粉.....10g
　香草粉.....2g
D 花生醬.....少許
　苦甜巧克力.....180g
　（切碎方便融化）

● 烘烤

上火170/170°C烤15~20分鐘

TIPS

▸ ＊烤溫及烘烤時間要看烤箱及餅乾厚度／大小而定，下火需要的溫度較低，底層可再墊一個烤盤。

＊麵糊要趕緊擠完（避免麵糊靜置時間過長的水分飽和度，而使前後烘焙的餅乾外觀大小不一）。

＊烤箱不敷使用時，擠好的餅乾糊可先放冰箱等待入爐烘焙。

STEP

1 材料A用打蛋器拌打至鬆發

2 B料加入做法1，低速拌勻後，改中速攪拌

3 粉類過篩，一次加入做法2中，再用低速拌勻即完成餅乾麵糊

4 擠花袋套上大的菊花嘴，將麵糊放入擠花袋中

5 在以鋪不沾布的烤盤上擠出約10公分長3公分寬的麵糊

6 進爐烘烤，餅乾邊緣著色大約就熟了

7 在兩片已放涼的餅乾中間抹上花生醬

8 隔水加熱將苦甜巧克力煮到約70°C離火，巧克力攪拌均勻，放涼變濃稠就可以沾在餅乾兩端

9 待涼固定即可包裝或享用

5

7-1

7-2

8

● 烘 烤

170/180°C 全程35～40分鐘

摩卡義大利脆餅

TIPS
────────────────
▶ 採用杏仁果碎粒可增加風味！

豆沙vs抹茶小餅

豆沙vs抹茶小餅

40小塊

● 器具

電動打蛋器、刮刀、包裝袋

● 材料

A 奶油……200g
　 轉化糖漿……50g
B 低筋麵粉……500g
　 奶粉……90g
　 泡打粉……15g
C 蛋……3個
　 糖粉……180g
D 蛋黃……2個
　 黑芝麻……少許
　 白芝麻……少許

內餡

豆沙餡……200g
抹茶餡……200g

● 烘烤

170/200℃烤15～20分鐘

TIPS

▶ 用不完的皮可以放到冷凍庫保存時間大約1個月。這個點心與廣式月餅的餅皮有異曲同工的口感。

STEP

1 奶油隔水融化，待涼加糖漿拌勻

2 低筋麵粉加泡打粉和奶粉過篩備用

3 全蛋加糖粉，先以低速打勻改以高速打發後將做法1加入拌勻，倒入材料B的粉牆，用拌壓方式

4 麵糰均勻後放入冷藏置稍硬備用

5 將麵皮分為1/2擀開成薄片狀

6 內餡搓成長條

7 分別包入搓長條狀的內餡

8 切約1.5公分的小塊

9 擺上烤盤，刷上蛋黃（份量外）

10 分別灑黑、白芝麻，入烤箱

摩卡義大利脆餅

25塊

● 器具

電動打蛋器、刮刀、包裝袋、不沾布

● 材料

A 低筋麵粉……250g
　 可可粉……50g
　 泡打粉……15g
B 咖啡粉……30g
　 熱水……15g
　 奶油……50g
　 香草精……5g
　 牛奶……70g
C 蛋……90g
　 細砂糖……120g
D 杏仁果（切粒）……50g

STEP

1 先將A料一起過篩備用

2 咖啡粉放到熱水中溶化，倒入奶油中，再加入香草精、牛奶等拌勻

3 將蛋以電動打蛋器打至反白色後，加入糖再一起打到鬆發

4 蛋分多次加入粉類，以塑膠刀輕輕拌勻

5 加入2的液體材料拌勻，若覺得麵糰很乾，拌不動可再加入適量鮮奶調勻

6 最後加入杏仁果碎粒

7 將麵糰分成二塊，揉成長條狀後壓扁成約3公分高的麵糰，放在鋪好不沾布的烤盤上，上火170℃下火180℃烤25分鐘取出放涼

8 將烤箱降溫到150℃

9 放涼的餅乾切成1.5公分厚的長條狀，排放在烤盤上，再送進烤箱兩面各烤10～15分鐘烤好後放鐵架上待涼就可以包裝了

楓糖杏仁餅乾

蔓越梅餅乾

25塊

蔓越梅餅乾

● 器具

電動打蛋器、刮刀、包裝
袋、不沾布

● 材料

A 低筋麵粉……160g
　蘇打粉……5g
　鹽……3g
B 蔓越梅……50g
　蘭姆酒……30g
C 奶油……120g
　細砂糖……60g
　蛋……1顆

STEP

1 材料A一起過篩備用
2 蔓越梅乾用蘭姆酒浸泡
　30分鐘以上
3 奶油打軟後，加入砂糖
　打發到淺黃色柔軟為止
4 加入蛋拌勻
5 分三次加入1中所有粉
　類，以刮刀輕輕拌勻
6 加入浸泡好的蔓越梅及
　蘭姆酒拌勻
7 取出約乒乓球大小的麵
　糰約25個，揉成球狀後
　壓扁成約1公分高的麵糰
8 放在鋪不沾布的烤盤
　上，每塊餅需有適當的
　間隔，烤15～20分鐘即可

● 烘烤

160/170℃烤15～20分鐘

TIPS

▶ 蔓越梅50g用紅酒泡也非常對
味，但是紅酒只要15g就夠囉！

20個

楓糖杏仁餅乾

器具
電動打蛋器、
刮刀、包裝
袋、不沾布

材料
A 奶油……120g
　細沙糖……70g
　楓糖漿……30g
　蛋……60g
B 低筋麵粉……110g
　蘇打粉……5g
　肉桂粉……10g
C 杏仁片……50g
　葡萄乾……50g

STEP

1 奶油打軟後加入糖打發，以電動
　打蛋器拌打至白色，再加入楓漿
　繼續拌勻，最後加入蛋攪拌均勻
2 麵粉、蘇打粉、肉桂粉一起過篩
　在鋼盆備用
3 做法1加入做法2拌勻
4 最後拌入杏仁片、葡萄乾拌勻，
　分割約20個
5 小麵糰放到不沾布上，烤25分鐘
　即可

烤焙
170/170℃烤
25分鐘

TIPS
▶ 楓糖漿甜而不膩的口感是近年來烘
焙業者常用的糖料！

楓糖核桃奶油球

◎ 器具

電動打蛋器、刮刀、包裝袋

◎ 材料

A 奶油.....90g
　細砂糖.....90g
　楓糖漿.....40cc
　蛋.....60g
B 核桃.....80g
　（切碎備用）
　低筋麵粉.....160g
　蘇打粉.....10g

STEP

1 奶油加糖打發成乳白色，再加楓糖漿、蛋拌勻
2 將做法1拌入切好的核桃，再加入過篩好的低筋麵粉、蘇打粉
3 揉成糰每個25g，鋪放烤盤上，入爐烘焙

◎ 烘烤

170/170℃烤15～20分鐘

TIPS

▶ 要保持適當的間隔，烤的時候會膨漲喔！若相互黏成一大片，出爐就不美觀了。

25片 杏仁小圓餅

◎ 器具

電動打蛋器、刮刀、包裝袋、不沾布

◎ 材料

A 奶油.....150g
　細砂糖.....70g
B 低筋麵粉.....200g
　碎核桃.....60g
　杏仁角.....60g
C 防潮糖粉.....適量

◎ 烤焙

170/170℃烤20分鐘

STEP

1 先將材料奶油和糖打發，再加材料B依序拌勻
2 麵糊等分成約25個，放在鋪不沾布的烤盤上，入爐烘焙
3 餅乾出爐趁熱灑上糖粉，完全冷卻後，再灑一次防潮糖粉

TIPS

▶ 灑糖粉的作用是在做餅乾的表面裝飾。

楓糖核桃奶油球

杏仁小圓餅

乳酪鹹味餅乾

雞汁鹹味餅乾

雞汁鹹味餅乾

◉ 器具

電動打蛋器、刮刀、叉子、包裝袋

◉ 材料

A 奶油……120g
　細砂糖……60g
　雞粉……10g
　水……20g
B 乾燥蒜粉……10g
　乾燥蔥末……20g
C 低筋麵粉……320g
　泡打粉……5g

◉ 烘烤

180/180℃烤15分鐘

TIPS

▶ 這種鹹味的餅乾吃起來有點甜味但它不膩，怕甜的人可以在餅乾要進爐前灑上少許的鹽，吃起來別具有風味！

STEP

1 奶油加糖拌勻，雞粉加水融化後，倒入奶油中，再加乾燥蔥末和乾燥蒜粉，一起攪拌均勻

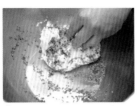

2 麵粉和泡打粉一起過篩，倒入奶油中，輕輕拌成軟麵糰即可，不要過度攪拌

3 把麵糰放在烤盤上，表面蓋上保鮮膜，擀成或用手推平至0.5公分厚的薄片

4 去除保鮮膜，表面用叉子刺洞，切割5×5公分，連不沾布一起移到烤盤上，即可烘焙

乳酪鹹味餅乾

◉ 器具

電動打蛋器、刮刀、包裝袋

◉ 材料

A 奶油……300g
　糖粉……120g
　鹽……少許
B 蛋黃……70g
C 低筋麵粉……450g
　（過篩備用）
　乳酪粉……100g
　披薩起司……80g

◉ 烘烤

170/180℃烤20分鐘

TIPS

▶ 若無披薩起司，也可用一般的超市的起司片自行切絲加入亦可。

STEP

1 材料A拌打至鬆軟，加進蛋黃拌勻

2 最後加入粉類、乳酪粉和披薩起司拌勻，擀成1公分厚再放入冷藏冰硬

3 冰硬後切成長8公分、寬厚各1公分，入爐烘焙

米老鼠vs Hello Kitty vs娃娃餅

器具

電動打蛋器
刮刀
包裝袋
擠花袋

材料

A 全蛋……5個
　細砂糖……220g
　鹽……5g
B 中筋麵粉……300g
　奶粉……25g
　（一起過篩備用）
C 乳化劑（sp）……25g
　奶水……125g
D 烤盤油……適量
　苦甜巧克力……適量
　花生醬……少許

烘烤

150/200℃ 15分鐘

TIPS

▶ ＊ 擠Hello Kitty鼻子和眼睛不可以分的太開喔不然會不像。

＊ 裝飾娃娃餅沾巧克力醬時，要挑漂亮的一面當臉喔！盡量保持臉部的美觀。

＊ 裝飾米老鼠的耳朵，沾巧克力時要呈圓弧狀，才會具立體感。

STEP

1 烤盤事先噴烤盤油，灑粉備用

2 材料A拌打至糖化，再下材料B快速打10分鐘

3 加入sp拌打至濃稠狀（至反白）約6分鐘，最後倒入奶水拌勻

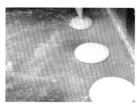

4 裝入擠花袋，擠適當大小。娃娃餅就擠一個圓

5 擠米老鼠耳朵跟臉部的生麵糊時，要有1公分的距離，不然烤好的耳朵不會有立體感

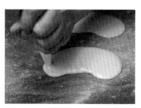

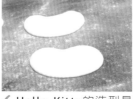

6 Hello Kitty的造型是先擠一個橢圓形，在圓弧兩邊45度角，輕輕將麵糊推開就變成耳朵

7 進烤箱約15分鐘，熟成待涼即可裝飾

8 巧克力隔水加熱融化，保溫備用

Hello Kitty 裝飾

9 取兩片烤好的Hello Kitty，中央抹上花生醬

10 夾起

11 融化的巧克力裝入擠花袋，擠出小花

12 眼睛、鼻子

13 以及鬍鬚，待巧克力固定即可

8種道地台灣名產點心
也能親手表心意

油酥皮的基本做法

1 中筋麵粉過篩做一粉牆，將材料B調勻後加入粉牆攪拌

2 再加入豬油

3 不斷搓揉至光滑麵糰即可

4 放入鋼盆，蓋上保鮮膜即可進行油皮鬆弛。發麵油皮則是在此時進行鬆弛

5 發麵油皮鬆弛後
油皮鬆弛後
油皮鬆弛後較光滑，而發麵油皮鬆弛30分鐘後，則變為原來1.5倍大的麵糰

6 油酥
低筋麵粉過篩後加入豬油搓揉成光滑麵糰，鬆弛10分鐘

7 鬆弛後的油酥

油皮包油酥
（層酥餅皮）
8 將鬆弛後的油皮與油酥搓成長條並分成12段

9 油皮壓平包入油酥

10 將縫合處捏成如拇指大的片狀

11 片狀的小麵糰反折壓緊，避免油酥跑出來

12 鬆弛3～5分鐘

13 用手掌將麵糰壓平

14 再用擀麵棍擀成長條狀

15 將麵糰捲起

16 鬆弛3～5分鐘

17 再用手掌壓平

18 擀麵棍擀成長條

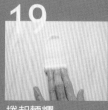

19 捲起麵糰

20 再鬆弛3～5分鐘

21 從兩端捏合麵糰

22 用手壓平，再用擀麵棍擀平即可進行各種烘焙類麵點製作

鳳梨酥

水果酥

 25個 # 鳳梨酥

器具
鋼盆、切刀、正方模25個

材料

A 酥油⋯⋯180g
　鹽⋯⋯1/2小匙
　糖粉⋯⋯80g
B 蛋黃⋯⋯48g
　低筋麵粉⋯⋯280g
　奶粉⋯⋯50g
　奶香粉⋯⋯1/4小匙

內餡
奶粉⋯⋯20g
奶油⋯⋯20g
鳳梨絲⋯⋯360g
鹽⋯⋯1/4小匙

STEP

1 把A料全部攪拌後，加入B料全部攪拌後，揉成光滑麵糰，直接分割成25個小麵糰

2 內餡拌揉均勻後，也分割成25個

3 把內餡包入，揉圓置入正方模型中壓平，就可送入烤箱囉

烘烤

200/150℃約15分鐘後翻面，溫度改200/0℃再烤5分鐘，表面呈均勻金黃色，底部可以推得動就行了！

TIPS
▶ 中途需翻面烤焙，是可使色澤均勻的方法。內餡加奶油和奶粉是增加餡料香味。奶香粉是增加產品有奶香味的香料。

 25個 # 水果酥

器具
鋼盆、切刀、正方模25個

烤焙
200/150℃約15分鐘後翻面，溫度改200/0℃再烤5分鐘，表面呈均勻金黃色，底部可以推得動就行了！

材料
塔皮

A 酥油⋯⋯180g
　鹽⋯⋯1/2小匙
　糖粉⋯⋯80g
B 蛋黃⋯⋯48g
　低筋麵粉⋯⋯280g
　奶粉⋯⋯50g
　奶香粉⋯⋯1/4小匙

內餡
奶粉⋯⋯20g
奶油⋯⋯20g
藍莓餡⋯⋯360g
鹽⋯⋯1/4小匙

STEP

1 把A料全部攪拌後，加入B料全部攪拌後，揉成光滑麵糰，直接分割成25個小麵糰

2 內餡拌揉均勻後，也分割成25個

3 把內餡包入，揉圓置入正方模型中壓平，就可送入烤箱囉

TIPS
▶ 水果餡的口味可以多變化，如：哈密瓜酥、草莓酥等都是常見的水果酥口味。

彩頭酥

● 器具

鋼盆
擀麵棍
切刀
刷子

● 材料

油皮

A 中筋麵粉……286g
　糖粉……52g
　豬油……115g
　水……115g

油酥

B 低筋麵粉……260g
　豬油……118g
　芋頭香精……1/2小匙
　藍莓香精……1/2小匙

內餡

C 芋頭豆沙……300g
　藍莓豆沙……500g
　鹹蛋黃……9個

● 烘烤

210/170℃約25分鐘，
表面呈金黃色，底部可
以推得動就行了！

TIPS

▶ ＊平均一個酥皮類的豆
　沙內餡含鹹蛋黃是30g，
　若豆沙類是含油量較高
　的成分，則豆沙類要減
　少約5g的分量，以免烘
　烤時會膨脹而造成外皮
　破裂，影響美觀。

＊藍莓餡與鹹蛋黃味道不
　搭，所以僅包藍莓即可！

STEP

1 把A料全部攪拌後，揉成光滑麵糰覆保鮮膜鬆弛30分鐘

2 把油酥B料全部攪拌後，揉成光滑麵糰，直接分割成2部分，一份揉進芋頭香精，一份揉進藍莓香精

3 鬆弛後的油皮也分割成9個

4 把油酥包入

5 擀平

6 再捲起

7 轉直

8 再擀平

9 捲起

10 切對半

11 鬆弛10分鐘後擀成圓片

12 包入內餡

13 芋頭加入半顆鹹蛋黃，或16g的藍莓餡不加半顆鹹蛋黃

14 整形成圓柱體，就可送入烤箱囉

咖啡麻糬蛋黃酥vs 豆沙蛋黃酥

15個 **綠豆椪**

◉ 器 具
擀麵棍、切刀

◉ 材 料
油皮
A 中筋麵粉.....100g
　糖粉.....9g
　豬油.....40g
　水.....40g

油酥
B 低筋麵粉.....60g
　豬油.....30g

內餡
C 綠豆沙.....200g
　絞肉.....200g
　白芝麻.....30g
　油蔥酥.....60g

◉ 烘 烤
170/190℃約15分鐘，表面呈白晰，底部可以推得動就行了！

STEP
1 把A料全部攪拌後，揉成光滑麵糰，覆保鮮膜鬆弛30分鐘
2 把B料全部攪拌後，揉成光滑麵糰，直接分割成15個小麵糰
3 把內餡2炒香後加入綠豆沙拌勻，分15個備用
4 鬆弛後的油皮也分割成15個，把油酥包入，再捲兩次後，鬆弛10分鐘擀成圓片包入內餡，整形成圓柱體，表面在中心稍壓一下，點上紅點，就可送入烤箱囉
（油皮包油酥步驟可參考88頁）

TIPS
▶ ＊本配方製作的綠豆椪是以傳統「翻毛餅」的方式，皮在熟成後會呈現「掀皮」的現象，古早的師傅都稱這樣的酥餅叫「翻毛餅」。
＊ 表面在中心稍壓一下，是使烘焙後避免過度膨脹，而外觀變差！

◉ 器 具
擀麵棍、切刀、刷子

◉ 材 料
油皮
A 中筋麵粉.....286g
　糖粉.....52g
　酥油.....115g
　水.....115g

油酥
B 低筋麵粉.....260g
　酥油.....118g

內餡
C 鹹蛋黃.....9個
　紅豆沙.....400g

D 咖啡麻糬.....18個
　咖啡豆沙.....400g

蛋黃水
E 蛋黃.....2個
　全蛋.....1個

◉ 烘 烤
210/170℃約25分鐘，表面呈金黃色，底部可以推得動就行了！

STEP
1 把A料全部攪拌後，揉成光滑麵糰覆保鮮膜鬆弛30分鐘
2 把B料全部攪拌後，揉成光滑麵糰，直接分割成36個小麵糰
3 鬆弛後的油皮也分割成36個，把油酥包入，再捲兩次後，鬆弛10分鐘
4 擀成圓片包入內餡，整形成圓柱體，表面塗2次混合均勻的材料E
5 再灑上裝飾用的芝麻或杏仁角，就可送入烤箱囉
（油皮包油酥步驟可參考88頁）

TIPS
▶ 鹹蛋黃9個可灑1大匙酒（可去蛋腥），用150℃烤約5分鐘，切半使用。

▶ 酥皮類的點心，內餡若以糖和油類居多，烤焙溫度要下火小、上火大！

20個 老公餅vs老婆餅

● 器具

擀麵棍、切刀、刷子

● 材料

油皮

A 中筋麵粉‥‥‥200g
　糖粉‥‥‥40g
　酥油‥‥‥80g
　水‥‥‥80g

油酥

B 低筋麵粉‥‥‥130g
　酥油‥‥‥60g

老婆餅餡（10個量）

C 糖粉‥‥‥100g
　冬瓜條‥‥‥50g
　（切粒）
　肥絞肉‥‥‥30g
　奶油‥‥‥30g
　白芝麻‥‥‥10g
　糕仔粉‥‥‥30g
　水‥‥‥1大匙

老公餅餡（10個量）

D 糖粉‥‥‥100g
　蔥‥‥‥1支（切末）
　蒜泥‥‥‥20g
　豬絞肉‥‥‥60g
　鹽‥‥‥1/2小匙
　白芝麻‥‥‥10g
　糕仔粉‥‥‥40g
　水‥‥‥1大匙
　奶油‥‥‥1大匙

蛋黃水

E 蛋黃‥‥‥2個
　全蛋‥‥‥1個

● 烘烤

180/160℃約25分鐘，
表面呈金黃色，底部
可以推得動就行了！

STEP

1 把A料全部攪拌後，揉成光滑麵糰覆保鮮膜鬆弛30分鐘
2 把B料全部攪拌後，揉成光滑麵糰，直接分割成20個小麵糰
3 內餡只要分別攪拌均勻，各分成10個備用
4 鬆弛後的油皮也分割成20個，把油酥包入
5 再捲兩次後，鬆弛10分鐘，擀成圓片包入內餡
6 整形成圓扁狀，表面刺洞後，塗2次蛋黃水
7 再灑上裝飾用的芝麻（區別老婆餅和老公餅），就可送入烤箱囉（油皮包油酥步驟可參考88頁）

24個 咖哩酥

● 器具

擀麵棍、切刀、刷子

● 材料

油皮

A 中筋麵粉‥‥‥180g
　糖粉‥‥‥32g
　酥油‥‥‥72g
　水‥‥‥72g

油酥

B 低筋麵粉‥‥‥150g
　咖哩粉‥‥‥10g
　酥油‥‥‥72g

內餡

C 豬絞肉‥‥‥85g
　油蔥酥‥‥‥1大匙
　咖哩豆沙‥‥‥500g

● 烘烤

200/170℃約25分鐘，
表面呈金黃色，底部
可以推得動就行了！

STEP

1 把A料全部攪拌後，揉成光滑麵糰覆保鮮膜鬆弛30分鐘
2 把B料全部攪拌後，揉成光滑麵糰，直接分割成24個小麵糰
3 內餡先炒香才加入咖哩豆沙500g拌勻後，分割成24個備用
4 鬆弛後的油皮也分割成24個，把油酥包入
5 再捲兩次後，鬆弛10分鐘
6 擀成圓片包入內餡，整形成圓柱體，就可送入烤箱囉

（油皮包油酥步驟可參考88頁）

TIPS

▶ 若無法買到咖哩豆沙，利用1大匙油和15g的咖哩粉炒香後，拌入綠豆沙470g內揉勻即可了！

太陽餅

器具

擀麵棍
切刀

材料

油皮
A 高筋麵粉……370g
　糖粉……37g
　豬油……148g
　水……165g

油酥
B 低筋麵粉……250g
　豬油……113g

內餡
C 糖粉……200g
　麥芽糖……48g
　奶油……48g
　水……1大匙
　低筋麵粉……48g

烘烤

180/200℃約15～18
分鐘，表面突起呈白
晰，底部可以推得動就
行了！

STEP

1 把A料全部攪拌後，揉成光滑麵糰
　覆保鮮膜鬆弛30分鐘
2 把B料全部攪拌後，揉成光滑麵
　糰，直接分割成24個小麵糰
3 內餡全部拌勻分割成24個備用

4 鬆弛後的油皮也分割成24個，把油
　酥包入
5 再捲兩次後，鬆弛10分鐘
6 擀成圓片包入內餡，整形成圓扁
　狀，就可送入烤箱囉

TIPS

▶ 太陽餅的烘烤最易出現
漏餡，因此需在收口時捏緊
底部，再利用下火大的烘烤
方式，餅類突出才是標準的
「太陽餅」。